现代食品深加工技术丛书

米糠深加工技术

张 敏 编著

U0223882

科学出版社
北京

内 容 简 介

米糠深加工，其产出值相当于黄金七倍的价格，是农产品深加工的高附加值项目。全书分六章：第 1 章和第 2 章是米糠加工的基本概况；第 3 章至第 6 章详细叙述当前国内外应用的主要米糠深加工技术，结合米糠产品——米糠油、米糠蛋白、米糠多糖及膳食纤维和其他活性物质等展开介绍。编者力求反映目前行业现状和发展水平，根据米糠产品的变化、发展情况，关注理论研究前沿，突出实践环节，使现阶段新技术、新变化在本书中有所体现。

本书可作为高等院校粮食工程、农业工程及轻工业专业有关粮食储运与加工、食品科学与工程、粮食物流与贸易等方向的教科书；可供粮食、农业、食品、外贸有关科研及生产部门的技术人员参考。

图书在版编目（CIP）数据

米糠深加工技术/张敏编著. —北京：科学出版社，2016.1
（现代食品深加工技术丛书）
ISBN 978-7-03-046729-4

Ⅰ.①米… Ⅱ.①张… Ⅲ.①米糠–食品加工 Ⅳ.①TS210.4

中国版本图书馆 CIP 数据核字（2015）第 302433 号

责任编辑：贾　超／责任校对：何艳萍
责任印制：赵　博／封面设计：东方人华

科 学 出 版 社 出版
北京东黄城根北街 16 号
邮政编码：100717
http://www.sciencep.com

北京通州皇家印刷厂印刷
科学出版社发行　各地新华书店经销

*

2016 年 1 月第 一 版　开本：720×1000　1/16
2016 年 1 月第一次印刷　印张：7 1/2
字数：140 000

定价：68.00 元
（如有印装质量问题，我社负责调换）

丛 书 序

食品加工是指直接以农、林、牧、渔业产品为原料进行的谷物磨制、食用油提取、制糖、屠宰及肉类加工、水产品加工、蔬菜加工、水果加工和坚果加工等。食品深加工其实就是食品原料进一步加工,改变了食材的初始状态,例如,把肉做成罐头等。现在我国有机农业尚处于初级阶段,产品单调、初级产品多,而在发达国家,80%都是加工产品和精深加工产品。所以,这也是未来一个很好的发展方向。随着人民生活水平的提高、科学技术的不断进步,功能性的深加工食品将成为我国居民消费的热点,其需求量大、市场前景广阔。

改革开放 30 多年来,我国食品产业总产值以年均 10%以上的递增速度持续快速发展,已经成为国民经济中十分重要的独立产业体系,成为集农业、制造业、现代物流服务业于一体的增长最快、最具活力的国民经济支柱产业,成为我国国民经济发展极具潜力的新的经济增长点。2012 年,我国规模以上食品工业企业 33 692 家,占同期全部工业企业的10.1%,食品工业总产值达到 8.96 万亿元,同比增长 21.7%,占工业总产值的 9.8%。预计 2015 年食品工业总产值将突破 12.3 万亿元。随着社会经济的发展和人民生活水平的提高,食品产业在保持持续上扬势头的同时,仍将有很大的发展潜力。

民以食为天。食品产业是关系到国民营养与健康的民生产业。随着国民经济的发展和人民生活水平的提高,人民对食品工业提出了更高的要求,食品加工的范围和深度不断扩展,其所利用的科学技术也越来越先进。现代食品已朝着方便、营养、健康、美味、实惠的方向发展,传统食品现代化、普通食品功能化是食品工业发展的大趋势。新型食品产业又是高技术产业。近些年,具有高技术、高附加值特点的食品精深加工发展尤为迅猛。国内食品加工起步晚、中小企业多、技术相对落后,导致产品在市场上的竞争力弱,特组织了国内外食品加工领域的专家、教授,编著了"现代食品深加工技术丛书"。

　　本套丛书由多部专著组成,不仅包括传统的肉品深加工、稻谷深加工、水产品深加工、禽蛋深加工、乳品深加工、水果深加工、蔬菜深加工,还包含了新型食材及其副产品的深加工、功能性成分的分离提取,以及现代食品综合加工利用新技术等。

　　各部专著的作者由国内工作在食品加工、研究第一线的专家担任。所有作者都根据市场的需求,详细论述食品工程中最前沿的相关技术与理念。不求面面俱到,但求精深、透彻,将国际上前沿、先进的理论与技术实践呈现给读者,同时还附有便于读者进一步查阅信息的参考文献。每一部对于大学、科研机构的学生或研究者来说都是重要的参考。希望能拓宽食品加工领域科研人员和企业技术人员的思路,推进食品技术创新和产品质量提升,提高我国食品的市场竞争力。

中国工程院院士

2014 年 3 月

前　言

中国是世界上 100 多个稻米生产国中的"稻米王国"，稻谷年产量占世界稻谷总产量的 35%左右，居世界首位。新中国成立以来，水稻播种面积、稻谷产量及稻谷总量大幅提升，水稻年播种面积约占粮食种植面积的 30%，稻谷年产量占粮食总产量的 44%左右，尤其是世界矮秆稻良种的"绿色革命"源于中国，举世闻名的水稻杂交优势利用也在中国首先应用于生产，可以说中国是世界水稻科技强国。在 20 世纪下半叶，中国稻米生产以其辉煌的成就解决了占世界 1/5 人口的吃饭问题，做出了历史性贡献。

2002 年 12 月 16 日，联合国大会（简称联大）宣布 2004 年是国际稻米年。为一种单一作物设立国际年，在联大是史无前例的。联大通过宣布国际稻米年，确认了稻米是世界上一半以上人口的主要粮食来源，加强以稻米为基础的生产系统的可持续性和生产效率，要求民间社会各方面的承诺以及政府和政府间的行动。对世界上大部分人口来说，稻米深深植根于许多社会的文化遗产之中。仅在亚洲，就有 20 亿人从稻米及稻米产品中摄取 60%～70%的热量。稻米是非洲增长最快的粮食来源，对越来越多的低收入缺粮国的粮食安全至关重要。世界上 4/5 的稻米是低收入发展中国家的小规模农业生产者种植的。稻谷生产系统及收获后经营，为发展中国家农村地区提供了近 10 亿个就业机会。国际稻米年的主题"稻米就是生命"，即以稻米为基础的生产体系与每一个人都直接或间接地息息相关，对粮食安全、脱贫及全球和平至关重要。

米糠是稻谷脱壳后精碾糙米时的副产物，由外果皮、中果皮、交联层、种皮及糊粉层组成。据不完全统计，我国年产米糠 1000 万 t，是最具开发潜力的一种高附加值资源。用米糠生产精炼米糠油、米糠蛋白、谷维素、肌醇、米糠多糖、米糠营养素、米糠膳食纤维等附加值高的新型产品，可促进水稻加工产业实现可持续发展和提高经济效益。美国、日本等国家都在积极开展稻米产后精深加工研究，尤其是米糠副产品综合利用的研究。有些产品处在中间实验或实验室阶段，有些已生产出功能保健食品、婴儿食品、药品和医药中间体系商品，进入国际贸易市场。目前，米糠中含有的功能活性成分还在不断地研究和开发中，如从粳稻中提取二十八烷醇具有独特的人体生理功能作用，且具有绿色属性，在市场上具有较强的竞争性，产业化前景很好。

米糠油中富含不饱和脂肪酸（80%以上）和人体必需的脂肪酸，其中亚油酸含 29%～35%，可降低人体中胆固醇的含量和甘油三酯的含量，有"健康营养油"

的美称，是一种营养和保健价值都很高的新型食用油脂，可作为一级油和油炸专用油，也是高血压、心脑血管疾病、神经衰弱患者以及中老年人理想的保健用油。另外，米糠油具有特殊的谷物香味，烟点高，是餐饮业和食品工业的理想用油。除作为食用油外，米糠油还可用于医药、精细化工、日用化工等行业。

米糠蛋白主要包含清蛋白、球蛋白、谷蛋白以及醇溶蛋白，生物效价较高。控制蛋白酶的水解进程，制备具有生理活性的功能肽，是目前国内外食品、医药领域研究的热点。国内外已有利用酪蛋白、大豆蛋白及玉米醇溶蛋白等原料生产具有促进钙吸收、降低血压以及增强免疫作用的功能肽产品。米糠蛋白及其系列水解物的产品，也在陆续地被研发出来。米糠蛋白不仅可作为营养强化剂，将它添加到肉、乳制品中可降低产品的成本；米糠蛋白及其衍生物由于具有良好的表面活性，且对皮肤刺激性小，对毛发的再生和亮泽有明显效果，被作为化妆品的高级配料使用。

由于可溶性纤维含量低，米糠中的米蜡、半纤维素及谷甾醇都具有降低血液胆固醇的作用。很多报道指出，米糠能够降低血清总胆固醇和低密度脂蛋白胆固醇含量、增加高密度脂蛋白胆固醇含量，具有降低血脂、调节血糖、预防癌症和脂肪肝等多种保健功能。米糠中的膳食纤维能抑制食量，促进胃肠蠕动，达到通便防癌的效果；膳食纤维能抑制皮下脂肪的堆积，是过食、偏食时代最为有效的健康减肥食品之一。对米糠或米糠中的多糖进行发酵或酶解处理，可提取有增强免疫功能的活性因子；还可利用米糠生产含有生理活性成分的米糠发酵制品。此外，米糠中提取的植酸及其水解产物可作为化工、医药的重要原料。

发达国家的稻谷加工产品产值和利润比值约为1∶6，我国仅为1∶1.3；发达国家将稻谷加工副产品（米糠、稻壳）进行深加工，所创产值相当于我国米糠与稻壳价值的60倍。米糠深加工，其产出值相当于黄金七倍的价格，是农产品深加工的高附加值项目。联合国粮食及农业组织的研究数据指出，全球米糠油、米糠蛋白年生产能力分别为60万t和20万t，至2015年市场需求量分别为200万t和60万t。中国是世界上米糠资源最丰富的国家，发展稻谷综合利用精深加工高科技产业，提高稻谷产业科技水平，增强稻谷产业在国际市场上的竞争力，无疑对增强国家农业实力、稳定国家经济基础、振兴民族产业有着十分重要和深远的意义！发展米糠深加工项目，形成米糠油、米糠蛋白及米糠纤维等系列产品，加大对米糠功能成分的工业应用，开发出更多更好的高附加值产品，市场前景广阔！

作 者

2015 年 12 月

目　　录

第1章 米糠概述

稻米（Oryza Sativa L.）诞生在亚洲，是世界上最主要的粮食作物之一。稻谷产量占粮食总产量的37%，是世界上一半以上人口的主要粮食。人类的食物热量有23%来自稻米。亚洲是世界上水稻的主要生产区，稻谷产量占世界稻谷产量的90%，其次是南美洲占3.2%，非洲占2.9%，北美洲占1.4%，中美洲、欧洲和大洋洲共占2.5%。现在稻谷种植已遍及113个国家和除南极洲以外的各大陆。中国、南亚和东南亚是亚洲水稻三个主要产区，中国稻谷的产量占亚洲的38%，南亚占29%，东南亚占25%。中国的稻谷产量居世界首位，被称为水稻生产国中的"稻米王国"。

几乎每一种文化都有食用稻米的独特方式，这是一个非常重要的现象。依照传统和人们的喜好，稻米常被碾磨成白米（精米），这一加工过程可以缩短稻米的烹饪时间，延长储藏期，但同时也让稻米丧失了大量营养物质，包括蛋白质、纤维素、脂肪、铁和维生素B等。稻谷在加工成精米的过程中要去掉外壳和占总重10%左右的种皮、果皮、外胚乳、糊粉层和胚。传统的米糠也就是现行我国国家标准规定，糙米碾白时，米粒（胚乳）的表皮、糊粉层、米胚芽和少量破碎胚乳（碎米、米糁）的混合物，通称为米糠。米糠是稻谷加工中最重要的一类副产品，它不仅有高含量的蛋白质（14%～16%）和脂肪（15%～23%），而且还含有抗微生物、抗致癌和其他能够促进健康的活性物质，如膳食纤维、维生素、谷维素、矿物质、肌醇六磷酸、蛋白酶抑制物和丹宁等。

稻谷作为我国第一大粮食品种，目前年产1.85亿t左右，占全国粮食总产量的44%左右。米糠包含90%以上的人体必需元素，因此有"天然营养宝库"之称，是一种具有广泛开发价值的副产品资源。我国米糠资源的年拥有量在1000万t左右，联合国工业发展组织（UNIDD）把米糠称为一种未被充分利用的原料（an under-utilized raw material）。美国农业部的研究报告指出，稻米中64%的营养素集中在米糠中，除含有丰富的蛋白质、脂肪、糖类、维生素、膳食纤维和矿物质等营养元素外，还含有生育酚、生育三烯酚、脂多糖、二十八烷醇、α-硫辛酸、γ-谷维素、角鲨烯等多种天然抗氧化剂和生物活性物质，对人类健康和现代文明病的预防和治疗具有重要意义。

米糠可用于榨取米糠油，脱脂米糠可以用来制备蛋白质、膳食纤维、植酸、肌醇和磷酸氢钙等产品。米糠颗粒细小、颜色淡黄，便于添加到烘焙食品及其他米糠强化食品中。目前，美国和日本是利用高科技开发米糠高附加值产品的典范。

日本将米糠作为一种高附加值产品可开发的新资源，在以米糠为原料提取米糠油后，还将精制过程中分离制得的其他米糠特有成分进行商品化生产，从而增加了米糠综合利用的途径和企业经济效益。

1.1 米糠资源的利用

米糠占糙米质量的 8%～10%，糙米重要营养成分大量集中于米糠之中。米糠的质量与各营养成分的数量取决于碾米精度以及碾米过程中胚乳破碎程度。一般米糠含有 14%～16%蛋白质、15%～23%脂肪、8%～10%粗纤维和 7%～12%灰分，此外还含有丰富的维生素和矿物质，至少集中了糙米 78%的维生素 B_1、47%的维生素 B_2、67%的维生素 P 和 80%铁元素。米糠蛋白含有所有必需氨基酸，并且属低过敏性，适用于婴幼儿食品。米糠油的脂肪酸组成中油酸约占 40%，亚油酸约占 34%。米糠碳水化合物含量较高，其中主要成分是膳食纤维。

米糠深加工技术及工艺方法很多，米糠深加工产品也很多，食用商品米糠（稳定全脂米糠或脱脂米糠）为一级产品；将其进一步加工成精制米糠油、米糠蛋白及其水解物、米糠膳食纤维等功能性食品为二级产品，以及以米糠为原料的增效和增值传统食品；以二级产品为原料，可生产各种新型医药品，是米糠加工的三级产品。米糠综合加工利用的原则是集中，只有集中加工才能解决米糠资源面广，但量小、分散的难题。

1.1.1 发达国家米糠资源的利用

一些发达国家已经较好地利用米糠资源，形成米糠油脂、蛋白质与膳食纤维等营养健康食品、护肤品等精细化工产品等多元化、综合性企业加工方向。目前已知米糠精深加工品种众多，美国的 Rice-X 公司及日本筑野食品公司等在米糠综合开发利用方面处于技术领先地位。

美国等发达国家已经有食用米糠问世，我国也有类似产品被发明，即应用现代食品加工精准碾制技术将米糠中的不益食物质（稻壳、果皮、种皮、灰尘、微生物等）与益食营养物质（胚、糊粉层等外层胚乳）在洁净的生产车间里进行精准碾磨分离。此分离技术可将米糠分级为饲料级米糠和食品级米糠两部分，其中食品级米糠约占米糠总质量的 80%，营养可达米糠总营养的 90%以上。食品级米糠虽然是大米碾白过程中的碾下物，只占稻谷质量的 6%，营养含量却占稻谷约60%，所以也被人们称为"米珍"或"米粕"。

美国每年从日本进口米糠油约 1 万 t，绝大部分作营养用油，少量用于医药、精细化工、日用化工等行业。米糠油在日本、美国、加拿大、欧洲等发达国家或地区备受关注，成为继葵花籽油、玉米胚芽油之后的又一新型食用油。

许多膳食纤维产品的生产技术都起源于美国，并在美国问世后很快风靡欧美等发达地区。美国利普曼公司百利康米糠系列健康食品如表 1.1 所示，主要有天然全能稻米营养素、天然利脂稻米营养素、天然利糖稻米营养素及天然稻米营养纤维。

表 1.1　百利康米糠系列健康食品

产品名称	主要营养成分/[g/(100 g)]						主要生理作用
天然全能稻米营养素	蛋白质	10.50	膳食纤维	9.00	碳水化合物	53.10	均衡营养、提高机能、防止疾病、保持健康
	脂肪	26.10	矿质元素	5.30	可溶纤维	2.65	
天然利脂稻米营养素	蛋白质	14.10	膳食纤维	29.00			降低血脂胆固醇、防治心脑血管疾病、补充营养、提高身体机能
	脂肪	18.21	可溶纤维	6.90			
天然利糖稻米营养素	蛋白质	9.00	膳食纤维	4.90			控制血糖、防治糖尿病、补充营养、提高身体机能
	脂肪	29.40	可溶纤维	2.30			
天然稻米营养纤维	蛋白质	16.60	膳食纤维	51.50	矿质元素	9.80	维护肠胃、通便抗癌、降脂减肥、防止疾病
	脂肪	14.70	可溶纤维	7.00			

该公司生产的百利康米糠营养系列饮料如表 1.2 所示。以天然全能稻米营养素为基本原料，以不同的配方调制出各具风味的营养饮料，不仅口味天然芳香、生津解渴，同时还能提供人体所需的营养成分和生理活性物质。

表 1.2　百利康米糠营养系列饮料

产品类型	配料表
米香味	水、米糠营养素、米香、脱脂奶粉、蔗糖
花生味	水、米糠营养素、花生、脱脂奶粉、蔗糖
杏仁味	水、米糠营养素、杏仁、脱脂奶粉、蔗糖
椰子味	水、米糠营养素、椰子原浆、脱脂奶粉、蔗糖

日本虽不是大米生产大国，但其却是米糠利用技术最先进的国家之一。日本米糠综合加工的产品达 100 余种，如制取米糠油、保健食品、营养素，以及医药、精细化工、日用化工等系列产品。日本米糠油产量在 7.5 万 t 左右，作为一种营养保健油被广泛使用。1994 年，日本市场上还出现了一种谷维素营养油，它是以米糠油为原料，含丰富的谷维素、维生素 E、维生素 A，一瓶 900 g，售价 1500 日元。同年筑野食品公司出品米饭油，也以米糠油为原料，内含谷维素、维生素 E，

一瓶 250 g，售价 370 日元。近年来，日本有些企业已对米糠营养油采用明码标价，在产品名牌上注明谷维素、维生素 E 的含量，实行优质优价。东京油脂公司将毛糠油采用水蒸气蒸馏脱酸、脱色、脱蜡的办法制得酸价 0.05mg/g、谷维素含量为 2% 的营养油。在国际上，生产米糠油著名企业——日本的谷物油脂化工株式会社和谷物食品公司两家企业，不仅生产米糠色拉油，还有多种的米糠油综合利用产品。日本虽然是米糠油生产大国、强国，但由于自身资源不足，原料主要依赖泰国进口，生产成本较高。

日本利用米糠所富含的各种有效成分，作为营养饮料和婴儿牛奶等的原料，在医药用品和营养辅助食品领域被广泛使用。对米糠中的蛋白质作改性处理，生产功能性多肽，制作保健品；米糠蛋白及其水解产物，可用于焙烤制品、咖啡伴侣、糖果、汤料以及其他调味食品。对米糠及米糠中的多糖进行发酵或酶解处理，提取有增强免疫功能的米糠活性多糖，用于保健食品和制药行业；生产含有生理活性成分（γ-谷维醇、生育三烯酚等）的米糠发酵制品、米糠饮料等。米糠中的脂多糖是已知的一种抗癌作用显著的功能因子。日本研究者从米糠中得到一种命名为 MGN3 的生物改性多糖，其免疫活性显著，目前已临床应用在艾滋病、癌症等的治疗中。日本已将米糠蛋白的衍生物（乙酰化多肽钾盐）应用于化妆品中，并且研究表明其对皮肤的刺激性小，对毛发的再生和亮泽有较好效果。

日本筑野辅食食品有限公司的 RICEO 米糠系列功能性提取物等健康食品，具有抗癌症、动脉硬化等病症和抑制食品劣化相关的抗氧化脂质生成的抗氧化作用。从机理上讲，抗氧化功能与其所含植酸的螯合作用有关；其次，维生素 B_6 具有清除活性氧的抗氧化功效；另外，米糠水溶性类似蛋白质的物质也具有清除活性氧的功能。RICEO 米糠制品可应用于食品、饮料、化妆品、饲料等领域。

印度是世界上第二大稻米加工国，年产量约 13 000 万 t，作为米厂加工的副产物米糠的年产量约 1000 万 t。据估计，印度毛米糠油生产潜力为 150 万 t/年，而实际产量小于 50 万 t/年。近年来，随着印度国内食用油需求的快速增长，其对米糠油的生产给予了较多关注。泰国作为稻米生产大国之一，有 40% 以上的米糠用来制取米糠油，并作为烹调用油使用。

此外，以米糠为原料开发的一些非食品类产品也在陆续投产。日本食品协会利用米糠制取生物可降解农业用材料，我国台湾新东阳公司推出由米糠制成的环保方便面碗等。这些以稻米糠为原料制成的农用材料和方便面碗，埋入土中后经 3～4 周时间，便会自然发生生物降解作用，而且粉碎后还可直接作为植物肥料，有利于环境保护。为更具环保色彩，这种米糠面碗采用稻米糠土灰原色，投放市场后，反应良好。米糠资源的深度开发利用，已成为世界发达国家应用高新技术开发附加值产品的重要研究领域。

1.1.2　国内米糠资源的利用

作为稻米加工的主要副产物，我国米糠利用率不足 10%，相较于日本 100%、印度 30% 的米糠利用率有很大差距。我国稻米加工企业生产的米糠，一般都提供给饲料厂生产配合饲料，只是低品质、低价值的应用。另外，民间对米糠的小规模再利用，也只限于将含有米糠的稻米粉，经过蒸煮后发酵制作成家畜用的熟饲料，发酵后产生的液体加入糖类等调味剂，或者加入蒸馏后的酒精和水稀释成含有酒精的饮料（米酒），这种方法制成的酒精饮料，没有多余的酒糟产生。

由于米糠不能长期保存，糠油精炼工艺落后，糠油、米酒等产品档次低、成本高，米糠制品的销路一直不好。20 世纪 80 年代后期，加工、贩卖米糠制品的制油企业、小规模的饲料企业、制酒企业等生产、销售情况恶化，更使米糠的深度开发利用受到影响。虽然米糠油具有降低血压、预防肥胖、维持妊娠的作用，在各种食用油中，米糠油的品质较高，但对已习惯于食用色拉油的中国消费者而言，米糠油除了颜色上的不足之外，其与色拉油不同的口感，也使米糠油的销售不容乐观。

目前，我国的米糠资源绝大部分没有经过加工直接用作饲料原料。虽然已开发出几种米糠新产品，但只有少量是用来生产米糠油等高附加值产品，大部分米糠资源没有得到进一步加工利用。我国是世界上最大的稻米生产国，若将年产米糠量 1000 万 t 中的一半用于加工米糠油，则每年可得 80 万 t 米糠油，再进一步进行深加工利用，至少价值可提高 10 倍以上，最多可增值 50 倍。当前，国内进行米糠综合利用的厂家很少，大部分厂家综合利用都处于停产或半停产状态，生产企业主要集中在浙江、江苏、山东一带的私营企业。这主要是由于米糠资源难以集中，米糠综合利用难以形成规模；企业收购的米糠及米糠毛油质量参差不齐，造成米糠终产品质量不稳定。同时，由于生产规模小、产量低、加工成本高及国内外市场波动影响，米糠资源的合理利用在我国还没有真正开展起来。

现在，我国已有部分企业引入米糠油深加工项目，黑龙江省的北大荒希杰食品科技有限责任公司在 2010 年建成的年产 12 000 t 米糠油厂已投产，黑龙江东粮油脂有限公司于 2012 年 11 月引进米糠油深加工项目并投入试生产，实现了我国米糠油的工业化生产。随着我国稻米精深加工业整体水平的提高，以及人们对米糠产品营养保健作用的重视，米糠的产业链正在逐步形成，其市场潜力将逐步释放。

1.2　米糠产品加工技术的研究

截至 2010 年年底，在国家知识产权局申请的与米糠有关的专利共有 138 项，其中发明专利 108 项，实用新型专利 26 项。与米糠蛋白有关的发明专利 5 项，与米糠纤维有关的发明专利 3 项，与米糠油有关的发明专利 21 项。美国申请的与米糠相关的专利 515 项，我国米糠专利总数仅为美国的四分之一。专利内容方面，美国专利多为工艺、设备等方面的成熟实用技术与产品，许多具有原创知识产权，而我国的专利在原创技术方面较少。国内已有米糠油国家标准 GB 19112—2003，国家标准 GB 10371-89 则规定了饲用米糠、米糠饼、米糠粕的质量标准，有关米糠蛋白及米糠膳食纤维的国家标准尚未检索到。

尽管我国米糠资源量居世界之首，但米糠的深度开发利用及相应的理论研究和高科技产品的开发尚处于低水平，只有不足 10% 左右的米糠用来制油或提取植酸钙、肌醇、谷维素等附加值高的产品，虽取得了一定的经济效益，但与当前发达国家对米糠的综合利用深度和高新技术的应用相比，差距仍很大。并且从碾米工业上来看，虽然近 20 年来引进了国外先进的技术设备，加工水平有较大提高，但资源的综合利用仍处于起步阶段。随着大米精深加工技术的发展，大米加工的副产品——米糠的综合利用，成为决定粮食工业持续稳定发展后劲的主要因素之一。

1.2.1 米糠保鲜技术的研究

自 1920 年国外发表米糠制油专利以来，米糠制油及加工工艺已基本成熟，米糠综合利用研究已达到一定深度。但与其他植物油相比，米糠中含有极活泼的脂解酶，使米糠在储运、制油过程中发生劣变，大大限制了米糠食用油的生产，造成了米糠这一宝贵资源的极大浪费。因此，防止米糠酸败、稳定米糠品质已成为米糠开发利用的先决条件。

多年来，油脂工作者围绕米糠稳定化技术进行了不懈研究。国内外研究开发的米糠保鲜技术主要包括高压过热蒸汽处理法、低温（−16～−18℃）处理法、热风或传导热干燥法、添加抑制脂解酶的盐类处理法、强制挤压处理法等。除挤压法外，其他几种方法均未被确认具有工业实用价值。对米糠采取挤压（膨化）钝化其脂解酶的方法，可以阻止米糠中油脂的变质，且在普通的环境条件下，可安全储存 30～60 d，其游离脂肪酸（FFA）含量没有明显变化。

自 1965 年美国发表米糠膨化和浸出论文及 1966 年获得米糠膨化的专利，其后的 30 多年时间里，米糠膨化浸出工艺与设备在美国、韩国和日本等国家有很大发展。我国云南玉溪粮油加工厂 1986 年引进美国米糠膨化设备进行了实验，湖北省安陆于 1989 年在引进、消化国外米糠膨化设备的基础上，研制成功了 MKJ-100 型米糠成型保鲜机。米糠膨化处理作为米糠制油前处理工艺，是目前米糠稳定保鲜的最可靠方法。

挤压机瞬时、高温、高压、高剪切的加工特点，使其具有生化反应器的功能。对挤压改性处理后的米糠粉主要营养成分变化情况进行测试，结果表明，挤压加工后的米糠可溶性膳食纤维（SDF）含量增加了 7.26%；米糠蛋白降解，蛋白质分子量整体降低；淀粉含量减少，部分淀粉降解为糊精，糊化度显著增大，直链淀粉含量增加；在 240 d 的时间里 FFA 值仅增加了 0.6%，很好地解决了米糠稳定化问题；矿物质含量几乎不变；米糠的组织结构疏松、均匀，融合及组织化程度均提高。由此可见，挤压膨化处理后的米糠，主要营养成分的变化更利于人体的消化吸收和利用。

印度研究者曾报道用酸稳定剂处理米糠，并探讨了该法对米糠蛋白组分、蛋白质含量以及蛋白质效率的影响。实验采用蛋白质含量为 16.5%～18.2%（质量分数）研磨很细的米糠，经酸稳定剂处理后，没有影响米糠蛋白质量，且酸处理后的米糠有适合于作为食品蛋白质补充源的可能。

1.2.2　米糠二级、三级产品的研究

在发达国家，米糠油的售价远高于大豆油、花生油等传统食用油的售价。目前，对米糠油的研究主要集中在油脂的制取和精炼等方面。米糠油的制取传统工艺为浸出法和压榨法，有研究者采用超临界 CO_2 萃取技术提取米糠油，与传统工艺相比，采用超临界 CO_2 萃取技术所得米糠油的色泽浅，且米糠油中蜡和不皂化物、游离脂肪酸少。另外，还可利用果胶酶、纤维素酶等作用于米糠的细胞壁，使米糠细胞内的油高效释放。

在天然状态下，米糠蛋白与米糠中的植酸和半纤维素等结合在一起，因此米糠蛋白的提取率普遍较低。1966 年，Cagampanget 采用碱法从米糠中提取蛋白质，碱法提取虽然简单易行，但产品风味和色泽不理想，同时形成的赖-丙氨酸不但引起营养物质的损失，而且还有毒。其后采用酶法提取蛋白质的研究开始活跃。1995年，Hamada 采用碱性蛋白酶分离米糠蛋白，蛋白质提取率随着其水解度的增加而增加，在水解度为 10% 时，米糠蛋白提取率可达 92%。1997 年，Ansharullah 采用糖酶破坏植物细胞壁来改善植物蛋白的提取率。此后的研究表明，纤维素酶、木质素酶、木聚糖酶和植酸酶的应用可显著提高米糠蛋白的提取效果，蛋白质得率达75%，蛋白质含量可达 92%。国内研究者将脱脂米糠粕经碱溶酸沉后，用中性蛋白酶进行水解，得到相应蛋白质转化率高的水解蛋白。通过对各种蛋白酶的筛选，发现复合蛋白酶能够迅速对蛋白质进行水解，在较低水解度的情况下，对蛋白质水解产物不会产生明显的苦味，较适合米糠蛋白的水解。如果在提取过程中应用两种或多种蛋白酶，则所得蛋白质水解物的物化性能更佳、更经济。由于酶法提取反应条件较为温和，对蛋白质的影响很小，而且降解后的多肽具有一定的生理活性作用，不仅可以增大米糠蛋白的溶解度，还能改善蛋白质发泡、乳化等物化性能，因此已成为研究米糠蛋白高效提取的主要方法。有很多研究报道表明，利用蛋白酶、纤维素酶、果胶酶、木聚糖酶等可有效地提取脱脂米糠中的蛋白质，获得蛋白质产品的

加工特性较高，将其添加于各类食品的生产中，取得了良好的效果。

除广泛生产米糠油、米糠蛋白外，世界许多发达国家对米糠中其他功效因子的研究和应用也在普及。米糠中的糠蜡含有较为丰富的二十八烷醇，具有抵御疲劳以及降低血脂和胆固醇等多种生理功能，添加二十八烷醇的食品在美国和日本市场已占有重要份额。日本一家公司从米糠中制得功能性食品成分——神经酰胺，具有显著的抗癌功能。米糠中富含 B 族维生素和维生素 E，但缺乏维生素 A 和维生素 C。日本将粗米糠油饼与含乙酸（HAc）的甲醇一起加热，经中和、蒸馏除去甲醇后，将残余物用丙酮处理，经重结晶、酸性离子交换树脂后，即制得杀菌剂——维生素 B_{13} 晶体。日本科学家从吃糙米能预防脚气病的现象中受到启发，成功地从米糠中提取出了维生素 B_1。已知在100 g 脱脂米糠中，含有维生素 B_1 18～30 mg，维生素 B_2 5.4～5.7 mg，维生素 B_6 19～32 mg，维生素 P 308～590 mg，是制备 B 族维生素系列糖浆的优良原料。

1.3 米糠产品的生理功效及安全事件

1.3.1 米糠产品的生理功效

米糠产品除了提供常规营养素外，还具有一些特殊的营养和保健生理功效。

米糠产品具有通便功效。Slavin 和 Lampe 为了验证米糠和麦糠的通便效果，对食用常规饮食的健康男性进行了食用米糠实验，结果发现，米糠是使大便量增加的有效纤维。其原因可能是，米糠中的碳水化合物在肠道中不与消化酶作用，因而起到与添加麦麸相同的通便效果。

米糠产品具有降低胆固醇的功效。1991 年，Rukmini 和 Raghuram 对米糠油降低血脂作用的营养和生物化学效应进行了报道，米糠油中的主要成分，如单不饱和脂肪酸、亚油酸、亚麻酸及少量非皂化组成成分的共同作用，使米糠油产生降低胆固醇的作用。迄今为止，研究发现米糠中含有许多与降低胆固醇有关的化合物，但是现有的资料尚不能阐明其中每种化合物降低胆固醇的能力。Kahlon 和 Newman 等通过对大鼠和鸡进行研究后发现，在降低血脂方面，脱脂米糠不如全脂米糠的效果好。要确定米糠中降低胆固醇的组分，尚需对全脂及脱脂米糠进行进一步深入研究。

米糠产品具有减少尿结石的功效。尿结石的形成与泌尿系统中钙的排泄有关，研究者对每天摄入富含钙食品的妇女进行研究，在其食品中添加米糠、豆糠和麦糠均能减少肾脏内钙的排泄，并使肾脏内草酸的排泄增加，但米糠效果最明显。

米糠产品具有抗癌、护肤等保健作用。日本朝日大学科研人员通过动物实验发现，米糠中含有的神经酰胺糖苷有抑制黑色素生成的功效，用它制造化妆品可保持皮肤湿润、白净。日本和歌山县工业技术中心从米糠中提取阿魏酸，作为食品添加剂，具有吸附紫外线与抗氧化的作用；将其与柠檬酸草油中的芳香醇结合，制成抗癌物质 EGMP，可预防大肠癌变，安全方便。

对于提取的米糠油产品，不仅含有丰富的不饱和脂肪酸，还含有维生素 E、角鲨烯、活性脂肪酶、谷甾醇、甾醇、豆甾醇和阿魏酸酯等抗氧化成分。米糠油能减少胆固醇在血管壁上过多沉积，可用于高脂血症及动脉粥样硬化症的防治。米糠油富含的 3 种阿魏酸酯抗氧化物，对米糠油的抗氧化稳定性起到重要作用，且本身还有调整人体脑功能的作用，对血管性头痛、植物神经功能失调等有一定防治作用。此外，还发现米糠油具有镇静催眠作用。

米糠菲汀产品中，含有易被人体吸收的有机物、钙等化学物质，具有独特的生理、药理功能和广泛的用途。菲汀能促进人体的新陈代谢和骨质组织的生长发育，恢复体内磷平衡，用于神经衰弱、佝偻病、手抽搐等的辅助治疗，还可解除铝中毒。另外，它还是提取植酸、肌醇的原料。

1.3.2　米糠的安全事件

日本米糠油事件是世界有名的公害事件之一，1968 年 3 月发生在日本北九州市、爱知县一带。当时此地有几十万只鸡突然死亡（所以该污染事件也称为"火鸡事件"），主要症状是张嘴喘、头和腹部肿胀，而后死亡。经检验，发现鸡饲料中有毒，但没弄清楚毒的来源，也没有追究。1968 年 6 月至 10 月，日本福岛县先后有 4 家 13 人出现原因不明的皮肤病，患者表现为痤疮样皮疹，伴有指甲发黑、皮肤色素沉着、眼结膜充血、眼脂过多等，疑是氯痤疮。九州大学医学部、药学部和县卫生部组成研究组，有农学部、工学部、生产技术研究部及久留米大学公共卫生学专家参加，分为临床、流行病学和分析组开展调研。临床组在 3 个多月内确诊 325 名患者（112 家），平均每户 2.9 个患者，证实本病有明显家庭集中性。其后全国各地逐渐增多（以福岗、长崎两县最多）。

事件发生之后，日本卫生部门不得不成立专门部门——"特别研究班"。由家庭多发性和食用油使用情况的调查，怀疑与米糠油有关。经解剖分析，在死者尸体五脏中和患者的皮下脂肪中都发现多氯联苯（PCB）。多氯联苯是联苯分子上的氢原子被一个或一个以上氯原子所取代而生成的产物，一般多是混合物，在常温下，多氯联苯随所含氯原子的多少，可能为液状、水饴液或树脂状，是一种化学性质极为稳定的化合物。多氯联苯难溶于水，而易溶于脂质，因而就可能通过食物链而在动物体内富集。由于多氯联苯性能稳定，不易燃烧，绝缘性能良好，所以在工业上应用较广，一般多用作电器设备的绝缘油和热载体。人畜吃下多氯联苯后，被吸收的部分多蓄积在多脂肪的组织中，所以肝脏中的含量较高。多氯联苯可引起皮肤损害和肝脏损害等中毒症状。在全身中毒时，则表现嗜睡、全身无力、食欲不振、恶心、腹胀腹痛、黄疸、肝肿大等。严重者可发生急性肝坏死而致肝昏迷和肝肾综合征，甚至死亡。

流行病学组调查患者的发病时间、年龄、性别及地理分布特征，对患者共同食用的油脂产品进行了追踪调查，发现所有患者使用的食用米糠油均系 Kamei 仓库公司制油部 2 月 5 日至 6 日出厂的产品，而在食用该产品的 266 人中有 170 人患病，于是分析组不到一个月就阐明了米糠油中的病因物质是多氯联苯。在患者的分泌物、指甲、毛发及皮下脂肪等样品中都发现多氯联苯。经跟踪调查，发现九州大牟田市一家粮食加工公司食用油工厂，在生产米糠油时，为了降低成本、追求利润，在脱臭过程中使用多氯联苯液体作载热体。因生产管理不善，使多氯联苯混进米糠油中。于是，随着这种有毒的米糠油销售到各地，造成人的中毒生病或死亡。生产米糠油的副产品——黑油作家禽饲料售出，也使大量家禽死亡。通过环境流行病学的回顾性调查，终于查明在米糠油生产过程中的多氯联苯污染是米糠油事件发病的主因，日本的米糠油事件又称"多氯联苯污染事件"。

1.4　米糠产品的开发与应用

米糠的应用范围很广，商品型食用米糠可广泛地应用于烘焙食品、面包、饼干、蛋糕、薄饼、早餐粮谷食品、快餐食品和膨化食品等大众食品。鉴于米糠及其深加工产品有降低血清胆甾醇活性、轻泻排便、减少肾钙排泄等生理功效，因而，它们在保健功能性食品中的应用正在不断扩大。除了已有多品种的精制米糠油商品以外，许多精制米糠蛋白制品及其衍生产品已相继投放市场。在美国，米糠产品已应用于咖啡调味专用白油（咖啡伴侣）、花色蛋糕发泡装饰配料、蜜饯、夹心料、汤料、调味汁、卤汁、羹料、风味料，以及软饮料和果汁的营养强化料等方面。米糠蛋白的功能性质（加工特性），如乳化性、溶解性、稳定性等，可与大豆蛋白相媲美。因此，米糠蛋白是理想的营养健康食品的蛋白质强化剂和功能性蛋白。此外，米糠的三级产品在医疗上的应用，也正在不断深入研究和展开。

1.4.1　米糠营养添加剂

目前，美国已从稳定化稻米糠中研究开发出很多具有特殊功能性质的第二代功能添加剂，并已在食品中广泛应用。

1. 低脂稻米糠

稳定化稻米糠进行脱脂处理，可降脂 60%，B 族维生素增加 15%，还可增加纤维素和蛋白质含量。低脂稻米糠已在饼干、油炸土豆片、营养饮料及面条等食品加工中广泛应用，可使这类产品具有高纤维、低脂肪、低热量、光滑的结构及理想的风味等优点。

2. 组织状天然稻米糠

它是由稳定稻米糠和专用加工过程挤压得到的纯大米粉末共同混合组成的一种添加剂，可为食品提供理想的风味、组织结构和外观，特别适合于稻米糠含量高的食品，能改善面包、松糕、饼干的口感，增加松糕的发酵胀起。

3. 糙米粉混合物

把稳定化稻米糠和大米粉按天然谷糙的比例混合即可得到糙米粉混合物，由于其含有较高的蛋白质和纤维素，非常适合在松脆卷曲的大米食品及各种挤压食品中作为添加剂。

4. 稻米糠半纤维素

稻米糠半纤维素（RBH）具有抑制血清胆固醇、改善肠道内环境和抑制大肠癌等三大生理功能。据报道RBH还具有吸附人体内有害农药、抑制肝功能紊乱、增加血液淋巴细胞等生理功效，对预防和改善冠状动脉硬化造成的心脏病具有重要作用。RBH主要添加到浓缩葡萄汁、咖啡等饮料及冰淇淋和汤类中，目前许多国家，尤其是日本和美国很注重RBH的开发，日本已投入工业化生产，美国已研制出RBH焙烤食品，并在市场上颇受欢迎。

1.4.2 米糠营养保健产品

1. 稻米糠营养纤维和可溶性营养素

利用稳定化稻米糠含有丰富的脂肪、蛋白质和膳食纤维的特点，研究生产出可溶性稻米糠营养素（SRBE）和稻米糠营养纤维（RBNF）。SRBE营养丰富、速溶性好，可直接食用，也可将SRBE配以不同的原料调制出各具风味的营养饮料，还可作为各类保健食品的原料；RBNF中各种营养物质配比较其他膳食纤维更为合理，一方面能保证机体正常功能的营养需要，另一方面能够有效地控制热量的过度摄入，增加饱腹感并能降低代谢速度，可应用于各类主食和休闲食品。

2. 稻米糠新型饮料

美国密苏里州里巴斯公司研究人员研究开发出一种以天然稻米糠为原料的新型饮料，这种稻米糠饮料的基料具有有益于人体健康的优点，并富含钾、蛋白质、稻米糠油、B 族维生素、维生素 E、生育三烯酚等稻米糠中的营养成分。由于稻米糠中天然蛋白质的生物有效性，该稻米糠饮料具有低过敏性的特点。

3. 稻米糠抗癌 IP6 保健食品

美国食品药品监督管理局（FDA）已确认了 IP6（六磷酸肌醇酯）的功能性，并已在美国形成了一定的市场规模。日本厚生省也确认了 IP6 的有效性。日本筑野食品公司利用稻米糠内的 IP6，已开发出 IP6 稻米糠浸出物和 IP6 浸出物饮料等两种具有抗癌作用的保健食品。此外，该公司还开发出由天然稻米糠萃取功能成分组合而成的多种保健功能食品。

因在人体内具有重要功效被国内外研究者所瞩目的 IP6，在谷物作物中以米糠中含量最多。以米糠有效成分中的肌醇、IP6 及 γ-谷维素为主要成分，筑野食品公司已制成了保健药（IP6 精华）。这种保健药具有抗氧化、抑制过氧化脂肪与肾结石的生成、预防胆固醇沉着、促进生长、缓和自主神经失调等效果。而且，其有效成分能吸收过剩的铁离子，对心脏病、肝脏功能障碍和皮肤炎等具有预防和治疗效果。

4. 肌醇

肌醇的化学结构与葡萄糖极为相似，其中只有肌型肌醇具有生物活性。目前，对于肌醇的生理功能了解尚不全面。但有研究表明，肌醇是存在于机体各组织，特别是脑髓中的磷酸肌醇的前体物质，并为肝脏和骨髓细胞生长所必需，同时肌醇还可以促进新陈代谢，减少脂肪肝的发病率，有利于降低胆固醇，预防脂肪性动脉硬化，保护心脏。由于肌醇在人体中的作用尚未得到肯定，而且人体细胞也可合成肌醇，因而尚未有肌醇的日推荐量，但也有人认为，人对肌醇的需要量为 $1\sim2$ g/d。

1.4.3　米糠饲料

在世界发达国家的动物饲养成本中，饲料成本仅占 30%，而在我国饲料成本约占 60%，差距十分明显。实践表明，降低饲料成本的有效措施，一是在饲料中增加植物蛋白，减少动物蛋白；二是在饲料中增加油脂，以提高饲料的能量浓度。由于稻米糠中纤维素和植酸含量较高，目前在饲料中添加量还不是很大，如欧洲在鱼饲料中只添加 2%~3%，在畜禽饲料中添加 5% 左右。国内外还没有以稻米糠为大量添加成分生产稻米糠饲料的产品。事实上，稻米糠中蛋白质和油脂含量较高，是一种来源广泛、价格低廉的饲用营养素资源。

第 2 章　米糠的基本特征

米糠是糙米碾白过程中被碾下的皮层及米胚和少量碎米的混合物。新鲜米糠呈黄色，有一股米香味，具鳞片状不规则结构。米糠中脂质质量分数约为 20%，主要成分为中性脂质和磷脂，其质量分数分别为 88.1%～89.2% 和 4.5%～4.9%，此外还有一定的糖脂。中性脂质以甘油三酯为主，质量分数为 83.3%～85.5%；其次是甘油一酯质量分数为 5.9%～6.8%，甘油二酯质量分数为 3.5%～3.9%。米糠磷脂中主要含有 8 种物质，其中卵磷脂、脑磷脂、肌醇磷脂含量最多，质量分数分别为 35%～38%、27.2%～29%、21.0%～23.3%。

新鲜米糠不稳定，不易储存。经过碾米后，米糠中的脂肪酶和油脂一起进入米糠而相互接触，水解反应立刻发生。脂肪分解酶使油脂迅速分解出游离脂肪酸，米糠的酸价以每小时 0.5%～2.0% 的速度递增，数小时后，米糠就呈现不被人接受的酸败味和霉味。国内外大量研究表明，从糙米脱下的米糠必须在 6 h 内将脂酶钝化，否则米糠的酸价就会快速上升。酸败的米糠不仅风味劣变，而且会破坏米糠的营养成分，产生对人体和动物有害的物质，不再适合作为食品原料和饲料使用。米糠中具有的活性脂肪酶是米糠迅速酸败的主要原因，过氧化氢酶活性可以部分表示米糠中酶活性的变化，而其值在不断升高时，则说明酸败程度加剧。酸价可以直接反映脂肪分解的量，而过氧化值是游离脂肪酸进一步分解的表现。如果米糠的酸败问题不能妥善解决，它的实用价值就会大大降低，因此，米糠的稳定化是米糠资源开发利用的前提。米糠稳定化处理是有效利用米糠资源的必要前提和关键因素，成功的稳定化处理应该在使酶钝化的同时保留米糠营养成分及其功能性质，使米糠具有预期的安全储存期及达到相应的质量标准。

2.1　米糠的来源与组成

稻谷从外至内可分为果皮、种皮、珠心层、糊粉层和胚乳（图 2.1）。果皮和种皮为外糠层，碾米时被全部去除；珠心层和糊粉层为内糠层，碾米时可根据成品大米质量标准不同，给予不同程度的保留或去除；胚乳是大米的主要部分，理应全部保留，但由于米机压力的变化或操作不当及米粒各部位所承受的压力和摩擦力的不同，胚乳在不同的部位会因不同程度的擦离而有部分脱落进入米糠。

大米的胚乳部分主要是由蛋白质和淀粉组成，这些成分随着碾白运动的进行，不同程度地进入米糠中，引起米糠成分含量的变化。周裔彬等通过对各道米糠成分的测定分析表明，一机米糠所含灰分、粗蛋白质、粗脂肪、粗纤维较高；二、三机米糠含还原糖的量较高；各机米糠水分含量的变化不大；大米的精度越高，二、三机米糠所含粗纤维越低，出米率越低，碎米率越高，灰分的含量越低。

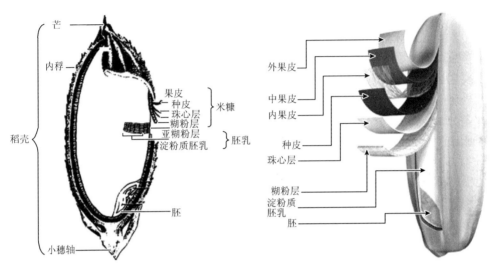

图 2.1　稻谷结构解剖图

2.1.1　米糠的化学组成

稻米是一种基因丰富多样的作物，这一物种有成千上万个品种，分属籼米、粳米、热带粳米、糯米和香米，西非的非洲栽培稻又增加了稻米的多样性。各个稻米品种所含营养成分有待更为详尽的记录，尽管如此，大量事实证明并非所有品种都具有同样的营养价值。

鉴于米糠原料的组成在稻谷加工品控管理上有重要的指导价值，而且它的组成在米糠深度加工利用上有十分重要的影响，因此许多国家始终在广泛调研生产实况，大量收集和分析运用米糠组成的数据资料。表 2.1 列举了米糠、米胚和精白米这三种样品的主要化学成分组成范围。

表 2.1　米糠、米胚和精白米的主要化学成分组成范围

成分	水分/%	粗蛋白（N×5.95）/%	粗脂肪/%	碳水化合物/%	膳食纤维/%	灰分/%
米糠	10～15	12～17	13～22	35～50	23～30	8～12
米胚	10～13	17～26	17～40	15～30	7～10	6～10
精白米	12～16	6～9	6～9	72～80	1.8～2.8	0.6～1.2

有研究者以 24 个品种的稻谷为实验材料，对不同品种间稻谷米糠营养成分含量

的差异性进行分析比较发现，不同品种间米糠的水分含量、灰分含量、蛋白质含量、可溶性多糖含量、脂肪含量和粗纤维含量差异极显著。米糠中灰分与脂肪和蛋白质的含量之间存在着极其显著的正相关（$P<0.01$），相关系数分别为 0.695 和 0.568，可溶性多糖和粗纤维的含量存在显著负相关（$P<0.05$），相关系数为 -0.475。通过聚类分析，将 24 个品种的稻谷按米糠和稻米分成品质由高到低的 3 组，通过平行对比米糠和稻米的数据发现，同种稻谷中稻米的品质并不能直接决定米糠的品质。

米糠中矿物质以 P 为最多，其次为 K、Mg 和 Se，其余为 Ca、Mn 和 Si，Fe 和 Na 含量最低。米糠中的 P 主要存在于植酸、核酸和酪蛋白中，其中植酸中的 P 占米糠总 P 量的 89%。米糠的各种矿物质含量有较大的变化范围，如 Al 为 153～369 mg/kg，Ca 为 250～1310 mg/kg，Fe 为 130～530 mg/kg，Mg 为 860～12 300 mg/kg，Mn 为 110～880 mg/kg，P 为 14 800～28 700 mg/kg，K 为 13 200～22 700 mg/kg，Se 为 1700～16 300 mg/kg，Na 为 0～290 mg/kg，Zn 为 50～160 mg/kg。

有研究者对普通大米加工和蒸谷米加工中，米糠的灰分、粗脂肪、粗蛋白质、粗纤维和淀粉在稻谷加工的各道工序中的含量变化进行了测定，结果见表 2.2。

表 2.2　不同工序中米糠营养成分含量

		一机糠	二机糠	三机糠	一机抛光糠	二机抛光糠	混合糠
灰分（干基）/%	蒸谷米	9.0	8.7	8.6	7.9	7.5	8.7
	普通米	9.5	8.3	6.5	5.6	4.2	7.8
粗脂肪/%	蒸谷米	29.2	27.2	26.9	17.6	14.3	24.5
	普通米	23.1	22.5	16.5	13.4	10.2	19.0
粗蛋白质/%	蒸谷米	14.7	16.0	16.4	19.4	18.2	17.5
	普通米	15.4	15.8	16.8	17.5	16.4	16.7
粗纤维/%	蒸谷米	15.3	11.3	8.6	5.6	4.5	7.6
	普通米	11.3	10.4	8.2	5.2	4.1	7.3
淀粉/%	蒸谷米	16.2	24.5	28.2	35.9	40.3	32.5
	普通米	21.8	25.9	33.2	43.2	51.3	31.2
水分/%	蒸谷米	10.7	8.9	9.3	9.4	9.0	9.2
	普通米	10.8	9.7	10.5	9.6	9.4	10.6

注：混合米糠是指把各个工序米糠均匀混合收集。

由表 2.2 可以看出，米糠的灰分从一机糠到二机抛光糠是减小的，说明越接近胚乳，米糠中矿物质含量越低。此外，蒸谷米糠的灰分除了一机糠比普通一机糠低外，其他略为增加。这是因为蒸谷米糠含有残存的碳酸钙，同时稻谷经过水热处理后，一些矿物质从稻壳溶入糙米中，提高了米糠中矿物质的含量。

从一机糠到二机抛光糠，脂肪含量减小，即糙米由外向内粗脂肪含量减小。从测定的脂肪含量变化可以看出，用碾米前三机的米糠提取米糠油，用提取油后的脱脂米糠粕与混合米糠提取米糠蛋白。这样既可以提高工厂的设备利用率，降低能耗，同时也能充分利用米糠的营养资源。此外，蒸谷米糠的粗脂肪含量比普通米糠高，因稻谷经水热处理后，籽粒内部酶的活性被破坏，减少了对油的分解和酸败作用；同时由于蒸谷米糠在榨油前经过了湿热处理，糠层的蛋白质变性更加完全，使米糠油容易析出。韩国 Tae hoe 曾对米糠进行了分析，结果发现，米糠中的类脂总含量为 16.13%，其中，中性类脂、糖脂和磷脂分别为 75.2%、16.71%和 8.0%。

不同加工工序米糠的蛋白质含量从一机糠到三机糠是增加的，抛光糠的蛋白质含量普遍较高，特别是一机抛光糠蛋白质含量最高。这说明糙米皮层的蛋白质含量由外向内增加，胚乳的蛋白质含量由外向内减小。蒸谷米糠蛋白质含量与普通米糠相比，含量变化不大。

米糠中的粗纤维含量从一机糠到二机抛光糠是减小的，说明糙米的外糠层含粗纤维较高，精度越高，粗纤维含量越低。蒸谷米糠粗纤维的含量高于普通米糠，主要是因为稻壳中含有的水溶性纤维素融入糙米中，增加了米糠中粗纤维含量。

淀粉含量从一机糠到二机抛光糠是增加的，说明随着碾白的进行，所碾下来的米糠中淀粉的量逐渐增多，即在糠层被逐渐擦离的过程中胚乳越来越多地进入米糠中。此外，蒸谷米糠比普通米糠的粗淀粉含量低，这也许是稻谷经过水热处理后，皮层中部分淀粉糖化或糊化造成的。

不同工序米糠的水分含量变化不大。一机糠的水分含量略高，可能是糙米表面吸附的自由水分高。蒸谷米糠和普通米糠水分含量相差不大，蒸谷米糠的水分除了受稻谷本身和碾米过程影响外，还受浸泡、蒸煮、干燥工艺条件的影响。

2.1.2 米糠的理化特性

米糠的密度、静止角、酸价的测定结果见表 2.3。

表 2.3 米糠的物理性质

米糠类型	密度/(kg/L)	静止角/(°)	酸价/[mg KOH/(100 g)]
混合蒸谷米糠	0.48	27.4	4.5
混合普通米糠	0.35	35.2	11.2

从表 2.3 可以看出，蒸谷米糠的密度高于普通米糠，可能与蒸谷米在碾米过程中加入了 1%的助碾剂——碳酸钙，且大量残存在蒸谷米糠中有关。同时，米糠质量的好坏及水分、杂质含量的高低，均会影响米糠密度。蒸谷米糠的静止角比

普通米糠小，说明蒸谷米糠之间摩擦力小、结构规整、散落性好、流动性好，有利于米糠的装卸和输送。新鲜蒸谷米糠的酸价比普通米糠低，分析原因主要是高温高湿破坏了脂肪酶的活性引起的。

2.1.3　米糠的国家标准

目前我国还没有食用米糠的国家标准，GB 10371—1989 中规定了饲料用米糠的国家标准。国家标准中对饲料用米糠的感官性状表述包括：呈淡黄灰色，色泽鲜艳一致，无酸败、霉变、结块、虫蛀和异味异嗅。水分要求含量不超过 13.0%；调拨运输的饲料用米糠水分含量的最大限度和安全储存水分标准，可由各省、自治区、直辖市自行规定。夹杂物的规定是，不得掺入米糠以外的物质，若加入抗氧化剂、防霉剂等添加剂，应作相应说明。质量指标及分级则主要以粗蛋白质、粗纤维和粗灰分等指标进行评定，具体见表 2.4。

表 2.4　饲用米糠的评定指标

	一级	二级	三级
粗蛋白质/%	≥13.0	≥12.0	≥11.0
粗纤维/%	<6.0	<7.0	<8.0
粗灰分/%	<8.0	<9.0	<10.0

注：质量指标以 87%的干物质为基础计算。

对于米糠产品，GB 19112—2003 规定了米糠油的国家标准。此标准规定了米糠油的术语和定义、分类、质量要求、检验方法及规则、标签、包装、储存和运输等要求，适用于压榨成品米糠油、浸出成品米糠油和米糠原油。该标准对米糠油的特征指标、米糠原油的质量标准、压榨成品米糠油、浸出成品米糠油的质量指标等均作出了具体的规定。

2.2　米糠的营养价值

米糠的主要成分包括水分、蛋白质、脂肪、淀粉、纤维素、半纤维素、可溶性糖、矿物质等。表 2.5 是资料报道的米糠营养成分组成表。

表 2.5　米糠营养成分组成表

营养成分	含量（100 g）
热量/cal[①]	330.00
水分/g	6.00
蛋白质/g	14.50
总脂肪/g	20.50
其中不饱和脂肪酸/%	83.00

营养成分	含量（100 g）
总碳水化合物/g	51.00
总膳食纤维/g	29.00
可溶性膳食纤维/g	4.00
灰分/g	8.00
钾/mg	1573.00
钠/mg	8.00
镁/mg	727.00
钙/mg	40.00
铁/mg	7.70
锰/mg	25.60
锌/mg	5.50
磷/mg	1591.00
肌醇/mg	1496.00
γ-谷维醇/mg	245.15
植物甾醇/mg	302.00
维生素 E，生育三烯酚/mg	25.61
B 族维生素	
维生素 B_1/mg	2.65
维生素 B_2/mg	0.28
维生素 B_5/mg	3.98
维生素 B_6/mg	3.17

1 cal=4.184 J。

2.2.1 米糠蛋白

米糠蛋白所具有的氨基酸组成接近 FAO（美国粮食及农业组织）/WHO（世界卫生组织）的推荐模式，营养价值较为理想。尤其值得一提的是，米糠蛋白还有一个最大优点是具有低过敏性，它是已知谷物中过敏性最低的，可将米糠中的蛋白质作为低过敏性蛋白原料用在婴幼儿食品中。米糠蛋白以其高营养、低过敏性、溶解性好、风味温和、不会引起肠胃胀气的独特性质，可以成为最优良的纯蛋白产品直接面对消费者，也可以针对不同的人群需要添加必要的维生素、矿物质等，作为蛋白质补充剂和营养产品，非常适合儿童、老人和患者。另外，该产品是各类蛋白质中能量最低的，成人作为蛋白质补充，不用担心摄入过多的能量。米糠蛋白及其系列水解物还可以用于焙烤制品、强化食品和汤料等。国际市场米糠蛋白供不应求，仅美国和欧洲市场每年的用量就在 20 万 t 以上，而且需求量每年都在急增。米糠蛋白终端产品价格为 20～30 美元/kg，中间产品一般为 4400～6600 美元/t，具有很高的盈利空间。

　　米糠蛋白同大米蛋白一样具有良好的蛋白质功效比（PER）和生物价，米糠蛋白的功效比为 1.59～2.04，浓缩蛋白为 1.99～2.19，氮消化率为 58.5%，限制氨基酸为苏氨酸和异亮氨酸。米糠中蛋白质质量分数为 12%～15%，其组成主要为清蛋白、球蛋白、谷蛋白及醇溶蛋白。米糠蛋白的赖氨酸含量比大米胚乳、小麦面粉以及其他谷物中的都高，生物效价与牛奶中的酪蛋白相近。虽然，米糠的营养和药理特性已被广泛认可，但目前，米糠浓缩蛋白和分离蛋白的商品化程度较低，主要原因是米糠蛋白溶解性差。米糠蛋白是一种混合蛋白，包括质量分数 37% 的清蛋白、36% 的球蛋白、22% 的谷蛋白和 5% 的醇溶蛋白，有超过 1/3 的蛋白质不能在水、盐、乙醇、乙酸中溶解（这些溶剂对米糠蛋白的抽提率分别为 34%、15%、6%、11%）；米糠蛋白聚合度高，分子间二硫键的交联使蛋白质溶解性差；米糠中植酸和纤维素含量高（其质量分数分别为 1.7% 和 12%），它们与蛋白质结合，使蛋白质不易与其他成分分离。因而，如何提高米糠蛋白的溶出得率和改善其功能特性，成为国内外米糠蛋白的研究热点。

　　米糠蛋白被公认为是谷物蛋白中过敏反应最低的蛋白，Pattis 采用酶联免疫吸附法对大豆分离蛋白和米糠蛋白进行抗原性实验，发现大豆分离蛋白具有更强的抗原性，而米糠蛋白表现出很低的抗原性。Matsuda 利用大米蛋白过敏患者血清中特异性 IgE 与过敏原相结合的特点，检测了大米蛋白中各组分的抗原性，从盐溶性的蛋白质中分离出分子量为 16 000、15 500、14 000 的过敏性蛋白，其等电点分别为 6.3、6.5、7.9，并指出过敏成分主要为清蛋白。Hidehiko Izumi 推断出 16 000 过敏蛋白的二硫键连接方式为 5 个分子内二硫键的存在，使该蛋白质的多肽结构保持相对稳定，具有很高的耐热性，不易被蛋白酶分解。

　　同品种稻谷来源的糙米、精白米和米糠蛋白含量及其组成存在较大差异。有研究者以粳稻米为原料，分析其糙米、精白米和米糠的营养成分及蛋白质组成特点，研究提取条件对糙米、精白米和米糠蛋白提取量的影响，并对这三种蛋白质的溶解性及分子量分布特征进行比较。结果表明，糙米、精白米中的蛋白质均以谷蛋白为主，但糙米中谷蛋白含量比精白米低 4.78%，而清蛋白含量比精白米高 55.93%；糙米中清蛋白和球蛋白含量分别比米糠低 77.22% 和 44.59%，但谷蛋白含量比米糠高 47.00%。提取时间、温度及液料比对三种原料的蛋白质提取量均有不同程度的影响，其中液料比是提取三种蛋白质时最显著的影响因素（$P<0.01$）；温度因素对精白米蛋白提取影响显著（$P<0.05$），对米糠蛋白极显著（$P<0.01$），而对糙米蛋白不显著；时间因素仅对提取精白米蛋白有显著影响（$P<0.05$），对其他两种蛋白质的提取没有明显作用。

　　米糠中含有大量的脂肪而影响其蛋白质提取，必须进行脱脂处理后再进行蛋白质提取操作。蛋白质提取的温度条件，米糠最高（42.4℃），精白米最低（39.8℃），糙米介于二者之间（41.5℃）。对稻米蛋白进行溶解率分析，当 pH 小于 3.5 及大于 6.5

时，米糠蛋白溶解性较精白米蛋白差，糙米蛋白在 pH 小于 3.5 的酸性条件下溶解性与米糠蛋白相同，而在其他条件下介于精白米蛋白与米糠蛋白之间；聚丙烯酰胺凝胶（SDS-PAGE）电泳证实，糙米蛋白的分子量分布特征介于精白米和米糠之间。

我们曾比较了大米蛋白和米糠蛋白的组成及功能特性，米糠蛋白的体外消化率为 68.33%，大米蛋白为 56.86%；差示扫描量热法（DSC）分析表明，两种分离蛋白的变性温度分别为 72.16℃ 和 61.03℃。随溶液 pH 的增大，两种分离蛋白的溶解性、起泡性、乳化性及乳化稳定性、持水性/持油性等逐渐增大，起泡稳定性则相反，蛋白质起泡稳定性在等电点处达到最大值；随溶液 NaCl 浓度的升高，两种分离蛋白各功能性质表现为先增大后减小的趋势，米糠蛋白各功能性质在离子浓度为 0.4 mol/L 时达到最大，大米蛋白在 0.2 mol/L 时达到最大；随溶液温度的上升，两种分离蛋白的溶解性、乳化性及乳化稳定性、起泡性、持油性等功能性质都呈现出先增大后减小的趋势，米糠蛋白和大米蛋白分别在变性温度 70℃ 和 60℃ 左右时达到最大，两种分离蛋白泡沫稳定性和持水性随温度的升高而降低。

对米糠分级蛋白组分样品的测定研究结果表明，只有米糠谷蛋白检测到了半胱氨酸；米糠分级蛋白的体外消化率依次为米糠清蛋白 79.46%、米糠球蛋白 77.34%、米糠醇溶蛋白 56.59% 和米糠谷蛋白 66.67%；pH、NaCl 浓度和温度对米糠分级蛋白的影响与米糠分离蛋白基本一致，在等电点左右时拥有最低的溶解性，此时起泡性、乳化性及乳化稳定性、持水性/持油性均表现不佳，但泡沫稳定性达到最大；在较低离子浓度（0.2 mol/L）条件下，蛋白质各功能性质较优；在变性温度左右，蛋白质溶解性、乳化性和起泡性达到最大。

此外，米糠中还含有多种生物酶类，其中以碱性蛋白质脂解酶为主的脂解酶，其酶解的最适 pH 为 7.5～8.0，最适温度为 37℃，最适水分为 11%～15%。在分解甘油三酯时，脂肪酸被分解出来，使中性的甘油三酯分解成具有酸性的脂肪酸、甘油一酯和甘油二酯，从而使酸价升高。

2.2.2　米糠油脂

米糠油是一种营养丰富的植物油，食后吸收率达 90% 以上。米糠油中含有的脂肪酸、维生素 E、甾醇、谷维素等有利于人体的吸收，具有清除血液中的胆固醇、降低血脂、促进人体生长发育等有益作用，因而米糠油是国内外公认的营养健康油。同时，米糠油还可制作成人造奶油、调和油、起酥油以及高级营养油等。美国市场米糠油的零售价为 2.6～3.0 美元/kg，远超过大豆油、花生油等传统食用油的售价。

米糠是一种重要的油源，而且它与大豆、油菜等油料作物不同，不需要专门栽培，不占耕地。从米糠利用程序上看，制油是第一道工序。米糠中的脂肪含量为 14%～24%（质量分数），含有 38% 左右的亚油酸和 42% 左右的油酸，其亚油酸与油酸的比例约在 1∶1.1（质量比）。从现代营养学的观点看，这一比例的油脂具有较高的营养价值。米糠油皂脚的脂肪酸组成和米糠油基本相同，可应用酸化水解、皂化酸解及水解酸化等 3 种方法由米糠油皂脚制取脂肪酸，其中以皂化酸解法较为普遍。在脂肪酸工业中，用甲酯代替脂肪酸为中间体制备各种脂肪酸衍生物具有很大发展前途。米糠油皂脚配合适当的硬化油加入适合的香精和填充料可制作洗衣肥皂，这是肥皂厂节约油和碱，降低成本的途径之一。

　　米糠油的酸价较高，约含有 25%的游离脂肪酸，此外还含有糠屑 1%～5%、糠蜡 3%～9%、磷脂 1%～2%、植物甾醇 4.5%～6.5%、谷维素 0.1%～0.5%以及三烯生育酚、角鲨烯等几十种天然生物活性成分。米糠食用油脂在营养保健方面的作用，不仅与较高的亚油酸含量有关，还与这些生理活性物质的存在密不可分。米糠油中含有的谷维素，是由十几种甾醇类阿魏酸酯组成的一族化合物，可以阻止自体合成胆固醇、降低血清胆固醇的浓度、促进血液循环，具有调节内分泌和植物神经等功能，促进人体和动物的生长发育。此外，米糠油含有米糠和胚芽中大量的脂溶性维生素、谷甾醇及其他植物甾醇等营养成分，因此米糠油能降低人体血清中胆固醇的含量，可预防人体动脉硬化等疾病，其营养价值超过大豆油、棉籽油、菜籽油等。同时，维生素 E 和谷维素都具有抗氧化作用，使米糠油的氧化稳定性比较好，容易储存。

　　表 2.6 是 GB19112—2003 中对于米糠油特征指标的描述。精炼米糠油一般为淡黄到棕黄色油状液体，相对密度（15/25℃）为 0.913～0.928，熔点为–10～–5℃，碘值为 98～110。

表 2.6　米糠油的特征指标

特征指标	特征值
折光指数 (n^{40})	1.464～1.468
相对密度 (d_{20}^{20})	0.914～0.925
碘值 (I)/(g/100 g)	92～115
皂化值 (KOH)/(mg/g)	179～195
不皂化值/(g/kg)	≤45
主要脂肪酸组成/%	
豆蔻酸（$C_{14:0}$）	0.4～1.0
棕榈酸（$C_{16:0}$）	12～18
棕榈一烯酸（$C_{16:1}$）	0.2～0.4
硬脂酸（$C_{18:0}$）	1.0～3.0
油酸（$C_{18:1}$）	40～50
亚油酸（$C_{18:2}$）	29～42
亚麻酸（$C_{18:3}$）	<1.0
花生酸（$C_{20:0}$）	<1.0

　　图 2.2 是检测米糠油脂肪酸组成的气相色谱图和分析结果。由图可见,组成米糠油的主要脂肪酸包括棕榈酸、油酸、亚油酸及少量亚麻酸和硬脂酸等。

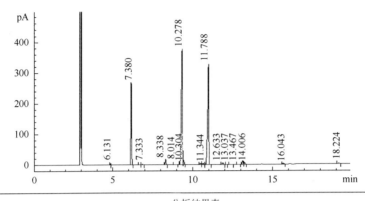

分析结果表

编号	实测保留时间/min	定性时间/min	峰面积	峰面积%	脂肪酸
1	6.181	6.189	11.117	0.246	肉豆蔻酸
2	7.380	7.392	754.831	16.721	棕榈酸
3	7.901	7.914	1.554	0.034	反式棕榈油酸
4	7.992	8.006	7.235	0.160	棕榈油酸
5	9.339	9.357	70.745	1.567	硬脂酸
6	9.914	9.936	3.510	0.078	反式油酸
7	10.279	10.303	1768.535	39.177	油酸$C_{18:1}$
8	10.361	10.381	39.138	0.867	油酸$C_{18:1}$
9	11.304	11.327	19.710	0.437	反式亚油酸
10	11.452	11.473	18.497	0.410	反式亚油酸
11	11.769	11.793	1682.033	37.261	亚油酸
12	12.583	12.611	25.044	0.555	
13	12.778	12.810	1.133	0.025	反式亚麻酸
14	13.037	13.064	5.210	0.115	反式亚麻酸
15	13.457	13.491	5.306	0.118	反式亚麻酸
16	13.716	13.740	55.913	1.239	亚麻酸
17	13.833	13.860	23.658	0.524	花生酸
18	0.000	14.811	0.000	0.000	二十烯酸
19	16.043	0.000	8.428	0.187	
20	19.224	19.247	12.587	0.279	木焦油酸

图 2.2　米糠油中脂肪酸组成分析的谱图和结果

　　米糠油的生产主要有压榨法和浸出法两种。从米糠综合利用的经济效益上说,制油的效益最大,也是最基本的效益。米糠油除作食用油外,在工业上也得到广泛应用,特别是生物柴油的开发成功,为米糠油的综合利用提供了有力保障。米糠油具有较高的营养价值和保健功能,长期食用对人类的保健和现代文明病的预防都有积极作用。当前,随着人们生活水平的提高,环保意识的增强,米糠油这一富含多种天然营养素的健康保健型"绿色"油脂将越来越受到关注。

2.2.3　米糠多糖及膳食纤维

米糠多糖存在于稻谷颖果皮层中，作为一种功能性多糖，米糠多糖近几年备受人们的关注。米糠多糖是一种结构复杂的杂聚糖，由木糖、葡萄糖、半乳糖、鼠李糖、甘露糖和阿拉伯糖等组成。很多研究发现，米糠多糖有着显著的保健功能和生物活性，其良好的溶解性能、浅淡的颜色，使得它可与多种食品配伍。米糠多糖不仅具有一般多糖所具有的生理功能，同时还具有抗肿瘤、降血糖、降胆固醇和增强免疫等多种功效。米糠多糖既可用来生产预防、治疗肿瘤和提高免疫功能的药品，以及预防高血压、心脏病和肝硬化等疾病的营养保健品，也是生产化妆美容品的优质原料。

米糠中存在着多种类型的多糖，其组分和结构也各不相同，具有多种生物活性。日本研究人员利用水溶液从米糠中提取某种物质，再除掉油脂、淀粉、蛋白质，用乙醇使其沉淀后精制得到一种"RBS"的新物质。这种多糖类物质通过提高人类本身所拥有的免疫力，来防止癌细胞增加，对患有肝癌、皮肤癌的白鼠疗效比现有的抗癌剂高。美国也介绍了从米糠中提取几种抗肿瘤物 RBE-PN、RBF-X、RBF-P 的工艺方法。不同的研究工作者给所提取的米糠多糖不同的名称代号，如 Eichi 等提取的 RBS，Takeo 等提取的 RDP、RON，Kimitoshi 等提取的 RBF-P、RBF-PM，Lamkooh 等制备的 RBG-3，Kado 等制备的 RBSR-01 以及胡国华等制备的 RBHB、RBHA 等。

日本的企业和科研工作者对米糠多糖进行了大量研究，他们通常是将稳定化处理后的米糠通过压榨法或浸出法制取功能性米糠油后，再利用脱脂米糠分离得到米糠多糖或米糠膳食纤维。20 世纪 90 年代初，米糠多糖在日本就已投入工业化生产，第一年产量就达 60 t，后来逐年增加，产品主要用于添加到苹果汁、浓缩葡萄汁、咖啡等饮料，冰淇淋和汤类等食品中，美国不少公司也已研制出一系列含米糠多糖的焙烤食品，在市场上颇受欢迎。

经过脱脂后的米糠含有 30%～40%的膳食纤维，米糠半纤维素有着广泛的生理功能。米糠作为一种产量大、综合利用价值还不高的谷物加工副产品，是我国急需优先研究和开发的膳食纤维源之一。由米糠制成的天然水溶性膳食纤维，呈淡灰白色粉末，主要由木糖和阿拉伯糖构成。米糠纤维经过精制后，所得的米糠半纤维素（RBH），其单糖组成为阿拉伯糖 22.1%、木糖 54.5%、葡萄糖 10.1%和半乳糖 13.4%等。

将纯化后的 RBH 进行紫外扫描（200～400 nm），经常检测到较弱的蛋白质（280 nm）特征吸收峰，茚三酮反应呈阳性。Mocl 等运用双重（蛋白质和碳水化合物）聚丙烯酰胺凝胶电泳发现，无论是水溶性 RBH 还是碱溶性 RBH 都具有糖蛋白的属性，他们认为这主要是由于 RBH 通过与羟脯氨酸键结合连接了肽链。同RBH 的单糖组成含量一样，结合蛋白的氨基酸组成含量比例随地域和品种不同也有一定差异，但却同米糠游离蛋白的氨基酸组成比例明显不同，尤其是天门冬氨酸、谷氨酸和精氨酸三种氨基酸。由于 RBH 结合了足够量的蛋白质，RBH 中就有了更多的羟基侧链基团。

2.2.4　米糠中的活性物质

米糠油伴随物包括谷维素、植物甾醇、糠蜡、维生素 E、二十八烷醇、三十烷醇等，与其他植物油脂相比较，从米糠油的副产品中提取谷维素、植物甾醇、二十八烷醇更具有优势。

1. 谷维素

谷维素作为一种较新的药品成分来源于各种植物油，其中稻米糠油中的谷维素含量最高，而玉米胚芽油、小麦胚芽油、大麦胚芽油、稞麦胚芽油、亚麻油、菜籽油中的谷维素含量适中。经药理及医学临床研究证实，谷维素是一种植物神经调节剂，对植物神经失调有明显的疗效，并且具有抗高血脂和脂质氧化以及抑制自体合成胆固醇的作用，能改善调节肠胃神经官能症，对神经失调、更年期综合征、脑震荡后遗症有较好的疗效。谷维素也被列为脂溶性维生素，可以促进皮肤微血管循环，具有调节内分泌和植物神经等功能，可促进人体和动物的生长发育。谷维素作为一种兼具激素和维生素的双重作用的药物，由于无副作用，已在全世界范围内获得广泛的应用。对治疗周期性精神病、脑震荡后遗症、妇女更年期综合征、血管性头疼、高脂血症、慢性胃炎等疗效显著。米糠油中含有丰富的谷维素，可以阻止自体合成胆固醇、降低血清胆固醇的浓度，保护皮肤，还对脑震荡等病有疗效。此外，它可作为植物生长调节剂，也能促进动物生长；还用于化妆品，用作食品添加剂、阿魏酸的原料等。

2. 维生素 E

维生素 E 即生育酚，是油脂及食品的优良抗氧化剂，能防止早产和延缓人的衰老，防治肝脏机能障碍。天然维生素 E 在生理活性和安全性方面均优于合成维生素 E，国际需求量很大。虽然米糠油中的维生素 E 的总量并不算高，但其所含生育三烯酚，特别是 γ-生育三烯酚的含量，在一般植物油中是较高的。动物和人体临床实验证明，生育三烯酚具有突出的降低血清胆固醇性能，而且在生育三烯酚的同系物中，γ-生育三烯酚的功能最强。现代医学证明，血中胆固醇过高是心血管疾病致病因素之一，生育三烯酚能有效地降低血清胆固醇，并且具有抗氧化性能，是目前最有效的脂溶性自由基连锁中断抗氧化剂。生育三烯酚还具有降低血小板凝聚作用和凝血恶烷水平的功能，有着抗血栓及抑制肿瘤等性能。提取后的酸性油，也是生产生物柴油的原料。

3. 甾醇

米糠油中植物甾醇也是一类有生理价值的物质，从米糠皂渣中提取的谷甾醇是一种植物甾醇的混合物，其中 60%～72% 是 β-谷甾醇。植物甾醇是一类具有生理价值的物质，可用于合成调节水、蛋白质、糖和盐代谢的甾醇激素。植物甾醇用于治疗心血管疾病、抗哮喘、抗皮肤鳞癌、治疗顽固性溃疡的药物已被应用于临床实验。用氧化谷甾醇法生产的雄甾-4-烯-3, 17-二酮是类固醇药的中间体，可用于制造避孕药和高血压类药物。谷甾醇除在医药上的应用外，还被广泛用于化妆品基剂和乳化剂等。

4. 角鲨烯

米糠油中角鲨烯的含量接近橄榄油，高出其他植物油。角鲨烯是生物体代谢中不可缺少的物质，在脏器、皮肤脂质中均有一定量的角鲨烯。角鲨烯生化合成胆甾醇，再从胆甾醇中生化合成副肾皮激素、性激素，从而调节人体新陈代谢过程。近年来的研究表明，角鲨烯具有降血脂、降胆固醇等生理活性，因此被广泛用作增强人体健康的健康食品。深海鲨鱼的肝脏中可获取大量的角鲨烯，以鲨肝油为原料制取的深海鱼油深受人们青睐，而米糠油中含有的角鲨烯却未被充分认识和开发。

2.3　米糠的保鲜处理

不论米糠如何利用，首先要解决米糠品质的稳定性问题。引起米糠酸败变质的因素是脂解酶、微生物、真菌及害虫的存在。米糠品质劣变的主要原因是米糠中的酶类，即脂肪分解酶和氧化酶。稻谷在碾制前的储存过程中，脂解酶的活性十分微弱。在碾制加工过程中，由于机械摩擦产生热量，在较多水分和较高温度下，存在于稻谷中的脂解酶活性被激发，并且越来越活泼，对油脂产生分解作用。谷物一旦碾磨后，酶和脂肪一起进入米糠而相互接触，水解反应立刻发生，脂肪分解酶使脂肪迅速分解出游离脂肪酸，在氧化酶的作用下，使米糠发生酸败。米糠存放时间越长，存放的温度越高，米糠的游离脂肪酸含量和酸价就越高。新鲜米糠所含油的酸价为 5～10 mg KOH/(g 油)，如果不及时抑制脂解酶活性，米糠脂质中游离脂肪酸含量将以每日 4%～5% 的速度递增。酸败米糠提取的油颜色深暗、酸价高，并带有浓烈的米糠味，出油率也随之下降。

2.3.1　引起米糠酸败的脂肪酶

米糠中含有较多的脂肪酶，引起米糠酸败的主要包括 4 类甘油酯水解酶，即脂解酶和 3 种磷脂酶［磷脂酶 A（包括 A_1 和 A_2）、磷脂酶 C 和磷脂酶 D］。据测定，在新鲜米糠中，脂解酶、磷脂酶 A、磷脂酶 C、磷脂酶 D 的活性分别为 34 U/(100 g 米糠)、8 U/(100 g 米糠)、12 U/(100 g 米糠)和 13 U/(100 g 米糠)。4 种酶的活性比为 100：24：35：39，可见脂解酶的活性最强。米糠中的脂解酶种类繁多，这些脂肪酶大多为碱性蛋白质脂解酶，其适宜的 pH 为 7.5～8.0，温度为 37℃。在分解甘油三酯时，主要进攻 1, 3 位上的酯键，继而断裂分解出脂肪酸，使中性的甘油三酯分解成具有酸性的脂肪酸、甘油一酯和甘油二酯，从而使酸价升高。空间位阻效应使得脂解酶对甘油三酯 2 位上的酯键作用稍弱，在有水分的酸性条件下，被脂解酶分解后的甘油一酯会继续被分解，生成最终产物甘油和脂肪酸。米糠中含有的磷脂酶对米糠中的磷脂发生分解作用，磷脂的第 1 位（或第 2 位）脂肪酸的酯键首先被磷脂酶 A_1（或 A_2）分解，成为一个带自由羟基的溶血磷脂后，可被磷脂酶 C、磷脂酶 D 继续分解，生成脂肪酸。磷脂酶 C、磷脂酶 D 的作用部位分别在磷脂与甘油和磷脂与胆碱的酯键上，磷脂在磷脂酶的作用下，生成酸性的甘油、磷酸、脂肪酸和胆碱，使酸价上升。

　　米糠中含有的脂解酶活性最强，但脂解酶的活性受温度、pH 和水分等因素影响。脂解酶同其他酶制剂一样，它的活动要在一定的温度范围内进行，温度越高，活性越大。当温度达到一定程度时，脂解酶的活性反而降低；当温度超过它的生存温度时，脂解酶就被破坏。一般认为，当温度超过 80℃时，脂解酶即被破坏而失活。脂解酶是一种具有两性电解质性质的蛋白质，它的解离度受到 pH 的影响。据测定，米糠中脂解酶的动态 pH 与米糠的酸价及很多因素有关。在水分为 12%左右，米糠酸价为 9.5 mg/g 时，脂解酶的活动最适宜 pH 为 5.6；米糠酸价为 30 mg /g 时，其脂解酶活动最适 pH 为 5.2。即在一定水分条件下，米糠中脂解酶活动最适 pH 随着米糠的酸价升高而降低。新鲜米糠的 pH 一般为 6.0～6.9，这时脂解酶的活性较大，如果 pH>9.0 或 pH<4.0 时，脂解酶的活性基本上完全失去。新鲜米糠水分一般为 11%～15%，当水分达到 15%～20%时，米糠中脂解酶的活性最强，米糠中所含油分的水解速率最快。随着水分的降低，米糠中油分的水解速率减慢。

　　由于脂解酶所产生的酶促反应受原料的水分、温度和 pH 等影响极大，基于酶促反应的最适条件，米糠稳定保鲜工艺均是为使酶变性失活而采取的必要手段。米糠挤压工艺就是采取有效方式，破坏水分、温度和 pH 三者之间的平衡关系，使脂解酶完全失去活性；降低水分，还能将微生物及害虫卵杀灭，并达到溶剂浸出取油的必要条件。

2.3.2　米糠的稳定化方法

　　米糠的稳定化处理，按处理方法的不同可以分为热处理法、化学处理法、生物酶法、辐射法和低温储存法等。米糠的稳定化处理必须做到：让易引起米糠变质的脂解酶、脂肪氧化酶的活性得到有效的抑制和钝化，从而有效地延长米糠的货架期、储藏期；杀死米糠中的微生物及虫卵，防止其消耗米糠中的营养素以及其产生的酶使米糠发生变质；稳定化过程要尽可能少的对米糠中的营养素产生破坏，保证米糠中功能性成分的功能性质，同时也要考虑能最大限度使米糠中功能性成分的功能性质得到增强，如挤压稳定化处理能够使米糠中的可溶性纤维含量增加。

1. 热处理法

热处理是通过加热的方法使米糠中的脂肪酶变性失活，同时也能有效灭活米糠中的微生物，从而减少米糠中营养物质的酸败变质。挤压法始于 1965 年的美国，是目前研究中最成熟、应用最广泛的热处理方法之一。微波加热法和欧姆加热法目前正处于研究阶段，但具有很好的研究前景。干热、湿热、微波及挤压稳定化处理都是常见的米糠稳定化处理方法，通过控制米糠水分、提高米糠温度等手段来抑制脂肪酶的活性，以此达到稳定米糠、避免酸败的目的。但此过程也会对米糠中的营养物质造成损失，从而影响到米糠蛋白的提取。

耿然分别利用干热、湿热、微波加热等方式对米糠进行稳定化处理，探讨了三种稳定方法对米糠蛋白的提取及特性产生的影响。研究结果表明，三种方法均会在一定程度上影响米糠中的蛋白质提取，且干热稳定方式对米糠蛋白的提取损失程度尤为严重。稳定化处理后，所提取蛋白质中的各组分含量发生了变化，且米糠蛋白的等电点由 pH 4 附近偏移至 pH 6 左右。表 2.7 是各种稳定化处理对提取米糠蛋白中各种蛋白质组分含量影响的检测结果。

表 2.7　各种稳定化和原糠蛋白各组分含量（%）

蛋白质组分	原糠	干热米糠	湿热米糠	微波米糠
水溶性蛋白	36.7	15.2	18.1	17.4
盐溶性蛋白	12.7	3.4	5.6	7.0
醇溶性蛋白	3.8	2.1	3.2	2.8
碱溶性蛋白	11.3	17.7	19.6	15.4
残渣中蛋白	35.5	61.6	53.5	57.4

表 2.7 中数据表明，稳定化处理大幅降低了米糠中蛋白质的提取率，干热处理的降低幅度最大，其次是微波处理和湿热处理；但各种稳定化处理后，显著提升了碱溶性蛋白在总蛋白中的比例。

1）挤压膨化法

挤压机（也称米糠保鲜机）是米糠挤压膨化的主要设备，大多属于自热式螺杆挤压机。其工作原理为，经过清理、调质后的米糠进入挤压机后，经螺旋推进，密度不断增大，物料间隙中的气体被排出，当空隙气体被填满后物料受剪切作用而产生回流，使机腔内的压力增大。随着螺旋与机腔间的摩擦使压力和温度急剧增大，米糠充分混合摩擦、加热、加压、胶合、糊化而产生组织变化。在出口处，压力瞬间从高压转变成大气压，造成水分迅速从米糠组织结构中蒸发出来，米糠中的淀粉也随之挤压成型，使米糠料粒中呈现许多细微小孔，有利于油脂的浸出；在此条件下，米糠中的脂解酶等活性酶的活性被抑制。Randall 等于 1985 年用实验证实，经过挤压过程的高温、高压、高剪切力处理的米糠，能够有效抑制脂解酶和脂肪氧化酶的活性，稳定化效果明显，其保质期可以达到 1 年。有研究表明，经过挤压处理的米糠，其蛋白质的可溶性组分由 42.2%下降至 14.3%，残渣中不可提取蛋白质由 23.9%增至 56.6%，米糠蛋白发生了严重的变性；经过挤压处理的米糠可溶性膳食纤维的含量则明显增加。

2）微波加热法

微波加热法用于米糠的钝化始于 1979 年，微波可使米糠中的水分子产生高速的取向运动而使分子间剧烈摩擦，使物料产生热。微波加热能够深入到物料内部使物料整体同时加热，省去了普通的从外到内的热传导过程；同时，微波对物料的加热具有选择性，使得微波加热器箱体和内部空气所消耗的微波能量极少。由于微波加热的热惯性小，通电后物料可被迅速加热，停止辐射微波时，分子间的摩擦消失，物料得不到微波能量，加热过程即刻停止。这些特点使得微波加热有别于常规加热方法，具有加热速度快、所需时间短、加热均匀、热转换效率高、节能以及易于控制等显著优点。冯光柱等通过实验证实，微波处理 250 g 米糠的最佳条件为高火处理，辐射时间为 8 min，物料含水 12%～14%。经过此种处理，米糠可安全储藏 30 d，米糠油酸价增加值小于 25 mg/g。另外，微波加热工艺简单，能够有效地实现连续化生产。该方法目前还处于研究阶段，大规模化利用还有待发展。

微波灭酶的热效应，主要是微波可使米糠中的极性分子（水、蛋白质的极性基团等）产生高速的取向运动而使分子间剧烈摩擦，其产生的内能导致酶蛋白变性而失活；水分子流失也抑制了脂肪水解的发生。乔晨等分别采用短时微波、高温烘焙、挤压加工 3 种工艺对新鲜米糠进行稳定化处理，结果显示，短时微波功率 720 W、加热 90 s，对脂肪酶的抑制率为 85%；高温烘焙温度 130℃、烘焙 30 min，对脂肪酶的抑制率为 72%；挤压膨化含水量 19%，机筒温度 130℃、螺杆转速 180 r/min，对脂肪酶的抑制率为 76%。可见，短时微波对脂肪酶的钝化效果最好，而且使米糠在储存期间酸价的增幅最小，可以更好地保持米糠品质的稳定。

3）欧姆加热法

欧姆加热法（Ohmic heating）已经被证实能够有效地提高甜菜中蔗糖及色素

的提取率，提高苹果中苹果汁的榨取以及大豆中豆奶的得率。2003 年，美国路易斯安那州立大学 N. Rao Lakkakula 等将其应用在米糠处理中，通过调整水分的米糠在电阻加热后，米糠中的脂肪酶活性得到了有效抑制，米糠中的游离脂肪酸明显低于未处理的米糠，米糠油的提取率提高到了 92%。

4）电解质加热

在英国，米糠通过电解质加热，使分解脂肪的脂肪酶失活非常有效。将新鲜米糠在 0.5 kV/cm 平均强度的电解质加热条件下，暴露 6～7 min 后密封在聚乙烯袋内存放 6 周，未见米糠变质。

5）过热蒸汽处理米糠

日本用过热蒸汽处理的方式杀灭米糠中的微生物。以 2 kg/cm^2 高温过热蒸汽直接与米糠接触 1～4 s，能杀灭其中的微生物及害虫卵，杀菌效果非常好。此法不会使米糠制品增湿反会使成品干燥，米糠的有效成分基本不变，油脂分解酶几乎失活，水分活性下降，米糠特有的臭味挥发散掉，不饱和脂肪酸的脂质保留，米糠中的微生物、虫卵完全死亡。处理过的米糠在 37℃高温保存比未处理米糠的冷藏保存质量稳定性更高，可长期保存。

2. 化学处理法

化学处理法就是向米糠中添加化学试剂，以改变米糠的 pH 或离子强度，达到抑制米糠中脂肪酶的活性和钝化米糠的目的。化学方法进行米糠稳定化处理，操作简便，应用灵活，有效地解决了热处理中设备投资过大的问题。此法比较适用于不能大规模进行米糠热处理钝化的分散米厂。但是化学方法都是人为地添加了化学试剂，限制了米糠作为食品工业原料的应用范围。

1）通过降低 pH 有效抑制脂肪酶的活性

采用槽式搅拌或人工搅拌，用一定浓度的盐酸处理米糠，酸处理过的米糠装入麻袋可在室温中存放。1986 年，Prabhakar 和 Venkatesh 提出用盐酸稳定米糠，调整米糠的 pH 至 4，抑制脂肪酶的活性，使米糠在 51 d 内游离脂肪酸（FFA）含量从初始的 3.0%仅增至 9.3%。酸处理还有助于油质萃取，减少储藏期间虫害，有利于长期保存。但是该方法中，米糠的 pH 必须降低至 4 才能有效抑制脂肪酶的活性，否则会因为抑制效果不好而部分破坏米糠营养成分，同时低 pH 也限制其作为食品原料的可能性。另外，喷洒不均匀会造成部分米糠 pH 较高而酸败；还存在腐蚀性和安全性问题，故此法在大规模的工业化生产中未被广泛使用。

2）通过添加焦亚硫酸钠或亚硫酸钠抑制米糠中脂肪酶的活性

我国的陈正行研究发现，添加 2%焦亚硫酸钠的米糠在夏季气候条件下储藏 1 个月后，游离脂肪酸含量不超过 1%，与稳定米糠挤压膨化法的效果相似。在防止米糠中维生素 E 氧化方面，添加 2%焦亚硫酸钠比挤压膨化法更有效。

3. 生物酶法

生物酶法（抗脂解酶法）是利用生物酶使得米糠中的脂肪酶失活，从而使米糠稳定的一种方法。该方法要求的温度不高，其保鲜原理是用植物蛋白酶作为抗脂解酶，去钝化米糠中天然存在的脂解酶。所用的植物蛋白酶并不是唯一的，适应的酶包括番木瓜蛋白酶、菠萝蛋白酶、真菌发酵酶、微生物蛋白酶及动物原生物酶（如胰腺酶）等。经生物酶处理的米糠产品，含水量在 6%左右，保存 21 d 后，测得 FFA 的量是全部油脂量的 1.83%，而未处理米糠的 FFA 量是 35%～55%，说明在植物蛋白酶的作用下，可达到灭活米糠中的脂肪酶、延长保鲜期、便于储存运输的目的。

2.3.3　米糠的挤压保鲜处理技术

为了合理利用米糠资源，对米糠预处理采用成型与保鲜并举工艺，是十分必要的，也是当今制油前米糠预处理的主要途径。20 世纪 70 年代，国外对大豆、米糠等油料已开始进行挤压浸出制油，我国于 80 年代后期与 90 年代初才开始研究。米糠挤压工艺主要包括清理去杂、水分调节、挤压与冷却等。

1. 米糠挤压处理的目的

在高温（130℃左右）下，米糠在挤压机中通过机械摩擦、挤压等作用，可以达到使蛋白质变性、淀粉糊化，迅速彻底地破坏细胞结构，使油脂均匀地扩散出来，易于提取；钝化米糠中的各种酶类，特别是脂解酶、氧化酶，降低米糠水分，抑制米糠酸价过快上升，提高米糠的稳定性，以利于储存；使粉末状米糠变成多孔状的颗粒（或片状），增大溶剂渗透时的表面积，提高米糠的容积密度和浸出渗透速率，从而提高米糠的油脂得率、降低溶耗、增加产量。

2. 影响米糠品质变化的因素

1）原料水分

米糠的水分是决定其挤压效果的主要因素之一。米糠含水量过高，自身弹性太差；水分过低，则没有塑性，不利于在挤压机内建立适宜的压力，达到挤压膨化的目的。水分含量低，不能获取挤压所需要的汽化水量，无法达到挤压、摩擦、促使水分汽化产生的一定温度和喷爆压力，因而无法形成良好的挤压物料。根据挤压效果，一般米糠含水量应控制在 12%～14%较宜。

2）杂质

米糠中往往夹带一定量的碎米、淀粉和其他杂质，如不预先进行筛分去杂，不仅挤压过程中影响压力的建立和成型，在挤压后，也难以形成质地优良的挤压米糠颗粒，从而大大地增加浸出料的粉末度，直接影响浸出效果。

3）环境温度

环境温度一般随气温和季节而变化。对于同一型号的米糠挤压机，在同样操作条件下，环境温度高，挤压机达到正常排料时的预热时间短，其产量也相应提高，反之亦然。夏季与冬季相比，其产量可相差 20%左右。因此，为了提高米糠挤压效果，在米糠进入挤压机前，对其进行水分与温度的调整显得十分重要。

4）冷却

挤压后的米糠料粒、质地较松软，主要原因是表面水汽尚未充分挥发逸散，而且料温较高。因此，挤压后的米糠应及时进行冷却以使定型，减少人为因素而增加物料粉末度，同时减少因水分、温度较高而造成的储存霉变现象。

3. 挤压前后米糠的品质变化

挤压机主要由喂料装置、挤压排料系统、传动系统和电控装置等几部分组成。其结构原理是利用不等距标准螺旋系统的挤压、摩擦等作用，使机械能转化为热能，将进机原料加热到 130℃左右，经挤压模头喷出。很多研究表明，米糠的挤压稳定化处理对于其中的蛋白质性质有较大影响。随处理条件不同，米糠挤压处理后有的表现为可溶性蛋白质组分降低，有的表现为米糠蛋白部分变性甚至降解，等电点由原先的 4 变为 3，其他的功能性质（如乳化性、起泡性和持水/持油能力等）均有所改善。但是由于蛋白质变性，能够被提取出的蛋白质总量降低。经过 SDS-PAGE 和高效凝胶过滤色谱（HPSEC）分析，提取的米糠蛋白存在明显的聚合，蛋白质的分子质量分布范围较宽，大部分为 10～20 kDa 和 40～90 kDa，蛋白质分子通过二硫键相互聚集使得分子质量分布进一步加大。

经过挤压处理灭酶过程，使得米糠的细胞组织结构破坏，蛋白质部分变性。扫描电子显微镜（SEM）下的超微结构照片显示，挤压处理破坏了米糠的细胞壁结构，因而有研究者认为，加入非淀粉糖酶对挤压米糠的蛋白质提取率几乎没有作用。但有报道称，采用复合糖酶作用后，降低了半纤维素、纤维素等的束缚，提高了米糠蛋白产品的纯度。

米糠挤压后，当残余过氧化酶活性低于 3%时，可认为脂肪分解酶全部钝化。当挤压温度为 120℃时，残余过氧化酶活性为 2.3%；挤压温度为 130℃时，残余过氧化酶活性低于 0.5%。尽管过氧化酶对确定米糠稳定性很有说服力，但储存米糠时游离脂肪酸的变化才是评价米糠稳定性的有效标准。

表 2.8 是未挤压米糠在不同处理条件下储藏稳定性的变化情况。从表中数据可以看出，未经挤压的米糠由于脂解酶的作用，米糠在 30℃以上气温条件下存放 4 d 后，已基本无榨油价值。表 2.9 是米糠挤压前后油脂酸价的变化情况。可见，经过挤压处理后的米糠，在冬季可安全储存 2 个月。

表 2.8　米糠未膨化压榨制油对比实验

项目	存放时间/h	室温 (平均)/℃	米糠含油/%	米糠油酸价/(mg/g)	出油率/%
试验 A	12	34.0	18.2	5.9	12.4
试验 B	24	33.5	18.3	5.7	12.6
试验 C	48	34.0	18.8	12.9	11.9
试验 D	72	33.5	17.9	25.8	9.8
试验 E	97	33.0	18.5	37.2	5.0

注：同一仓库储存稻谷加工的米糠。

表 2.9　膨化前后米糠在储藏过程中酸价的变化

储存时间/d	0	7	10	15	20	30	60
酸价/(mg/g)	4.5	4.8	4.9	5.3	5.8	6.6	8.0
增加值	0	0.3	0.4	0.8	1.3	2.1	3.5

挤压处理对米糠中水分与含油量的影响如表 2.10 所示。米糠经清理筛分去杂后大部分杂质已除去，其纯度相应提高，得率一般为 98%左右。经挤压后高温（130℃左右）与压力突降，使原料中部分水分迅速汽化逸出。因而，去杂挤压后米糠水分降低，含油量相应有所提高。

表 2.10　膨化前后米糠水分与含油量变化（%）

原料米糠		膨化米糠	
水分	含油量	水分	含油量
11.90	17.66	7.45	17.98
12.40	17.52	7.55	18.94
10.40	18.40	7.50	19.05
13.10	17.22	8.14	18.58
11.70	16.67	7.70	17.20
12.02	17.86	8.20	18.65
11.72	17.78	8.14	18.58
11.08	18.48	8.80	19.59
12.80	18.44	8.49	19.97
11.87	17.84	7.90	18.33

注：表中数据为 30 t/d 米糠膨化浸出制油工艺中的实测结果。

米糠经挤压后内部形成了具有一定强度的孔状结构颗粒，这种物料进行浸出取油，溶剂渗透率、渗透速率均较传统蒸炒成型的米糠浸出料显著增加。

第3章 米糠油脂的加工

按照权威统计数据，我国 2009 年食用油的消费量达到 2618 万 t，人均消费量为19.1 kg；美国人均食用油的消费量为 37.5 kg。与发达国家人均消费量相比，我国食用油消费市场仍然有广阔的增长空间。随着我国食用油消费量的增长，我国食用油进口依赖将更为严重。因此，大力发展以米糠油为代表的小宗油品，成为解决我国粮油供求缺口的对策之一。按照我国水稻总产量约 2 亿 t，米糠的产量占 7%，米糠的出油率约 15%进行估算，如完全利用可产 200 多万 t 米糠油，约等于我国第二大油料花生的产油量，也相当于 1200 多万 t 大豆的含油量，相当于 1 亿多亩土地所产大豆的含油量，这会使中国食用油自给率提高 5%～10%，可有效缓解我国食用油供求失衡的压力。

米糠是一种重要的植物油脂资源，它与大豆、油菜等油料作物不同，不需要专门栽培，不占耕地。米糠油是一种营养丰富的植物油，食后吸收率达 90%以上。从米糠综合利用程序上说，制油是第一道工序。从经济效益上说，制油的效益最大，也是最基本的效益。自 20 世纪 90 年代以来，米糠油作为一种热量来源和营养保健品原料已受到许多发达国家的普遍关注。米糠油中不仅含有 80%以上的亚油酸等不饱和脂肪酸，还含有丰富的谷维素、维生素、磷脂和植物甾醇，具有清除血液中的胆固醇、降低血压、加速血液循环、刺激人体内激素分泌、促进生长发育的作用，作为一种保健性食用油，米糠油的营养价值超过大豆油、菜籽油等。美国心脏学会在专项报告中指出，米糠油能有效地缓解心脏和脑疾病，其有效性表现为可降低血中低密度胆固醇的浓度，使高密度胆固醇有所上升。有资料表明，食用米糠油 1 周后人体血清胆固醇质量分数可下降 17%，对预防动脉粥样硬化和辅助治疗冠心病、妇女更年期综合征等有明显疗效。米糠油的脂肪酸组成及比例最为接近人类的膳食推荐标准。米糠油气味芳香、耐高温煎炸、耐长久储存以及几乎无有害物质等优点，是任何一种植物油所无法比拟的。正因为米糠油的性能优越，它已成为继葵花籽油、玉米胚芽油之后的又一种新型保健食品用油。由于米糠油本身稳定性良好，适合作为煎炸用油，还可制造人造奶油、起酥油、色拉油等。

美国和日本是米糠油消费大国。目前米糠油世界上的产量为 50 万 t，其中日本为 10 万 t 左右，美国每年从日本进口米糠油约 1 万 t，最高年份达 1.135 万 t，其中绝大部分用作营养食用油，少量用于医药、精细化工业。2006 年全球对精制米糠油需求缺口高达 45 万 t。国际市场一级稻米油（精纯米糠油）售价 3000～3500 美元/t，稻米毛油（毛糠油）售价 500 美元/t。在日本以及欧洲一些国家，米糠油广受消费者青睐，其售价远超过其他植物油。精炼米糠油，无论是单一的米糠油品，还是米糠油与其他植物油的混合油，均为日本最主要的商品食用油。我国长江流域、东北等出产稻谷的地区拥有资源优势，是加工米糠油的重要区域。据业内人士预计，若将国内米糠加工成米糠油，再将其深加工利用，至少价值可以提高 10 倍以上，最多可增值 50 倍。随着我国稻米精深加工业整体水平的提高，以及人们对油类产品的营养保健作用的重视，米糠油的产业链正在逐步形成，其市场潜力将逐步释放。

3.1　米糠油的特点

米糠油是油酸、亚油酸和棕榈酸的甘油三酯，含有丰富的维生素 E、复合脂质、磷脂、三烯生育酚、角鲨烯、植物甾醇、谷维素等几十种天然生物活性成分。米糠油除了含有米糠中大量的脂溶性营养物质外，其脂肪酸组成较为均衡，油酸与亚油酸的比例约为 1∶1.1，不饱和脂肪酸含量高达 80% 以上。不饱和脂肪酸可保持细胞膜的相对流动性，以保证细胞的正常生理功能；使胆固醇酯化，降低血中胆固醇和甘油三酯；是合成人体内前列腺素和凝血恶烷的前驱物质；降低血液黏稠度，改善血液微循环；提高脑细胞的活性，增强记忆力和思维能力。不饱和脂肪酸含量是评价食用油营养水平的重要依据。

米糠油作为一种保健食用油，其营养价值超过花生油、大豆油等其他食用油。精炼米糠油可以直接食用，口味醇香，也可以作为添加剂制成调和油，平衡人体营养需求。我国目前米糠油的生产规模和销售规模均相对较小，但对于稻米精深加工行业来讲，米糠是大米加工的主要副产物，对米糠进行充分利用，可以有效降低生产成本，提高企业生产利润率。

统计数据表明，2012 年全球米糠油产量、需求量分别增长到 96.4 万 t 和138.0 万 t。2006～2012 年全球精纯米糠油年产量、需求量及年增长率情况如图 3.1 所示。

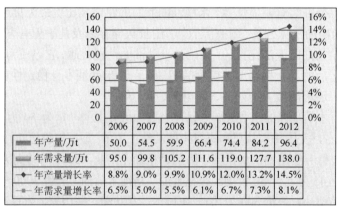

	2006	2007	2008	2009	2010	2011	2012
年产量/万 t	50.0	54.5	59.9	66.4	74.4	84.2	96.4
年需求量/万 t	95.0	99.8	105.2	111.6	119.0	127.7	138.0
年产量增长率	8.8%	9.0%	9.9%	10.9%	12.0%	13.2%	14.5%
年需求量增长率	6.5%	5.0%	5.5%	6.1%	6.7%	7.3%	8.1%

图 3.1　2006～2012 年全球精纯米糠油年产量、需求量及年增长率情况

数据来源：联合国粮食及农业组织

根据汉鼎咨询行业调研结果，2006～2008 年我国精纯米糠油年产量分别为 0.4 万 t、0.7 万 t 和 1.3 万 t，需求量分别为 19.0 万 t、20.0 万 t 和 21.0 万 t。到 2012 年，我国米糠油的产量、需求量分别增长到 6.3 万 t 和 27.6 万 t。2006～2012 年中国精纯米糠油年产量、需求量及年增长率情况如图 3.2 所示。从中国精纯米糠油年产量和需求量情况来看，2006～2012 年中国精纯米糠油产能缺口较大，维持在 20 万 t 左右。

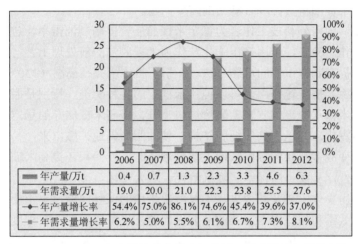

	2006	2007	2008	2009	2010	2011	2012
年产量/万t	0.4	0.7	1.3	2.3	3.3	4.6	6.3
年需求量/万t	19.0	20.0	21.0	22.3	23.8	25.5	27.6
年产量增长率	54.4%	75.0%	86.1%	74.6%	45.4%	39.6%	37.0%
年需求量增长率	6.2%	5.0%	5.5%	6.1%	6.7%	7.3%	8.1%

图 3.2　2006～2012 年中国精纯米糠油年产量、需求量及年增长率情况

数据来源：汉鼎咨询

米糠油最早在美国、日本生产并形成产业链，我国的米糠油提取很早就有开展，但由于米糠油提取的工艺复杂、设备投资高，而且原材料的供应受地域限制，其营养保健价值的市场认知度较低，在国内并未形成相应的市场，只在小范围内生产消费。国内稻米糠油的产量仍相对较小，毛糠油日产 50 t 以上的企业不超过 10 家，精纯米糠油日产 10 t 以上的企业很少。

目前，美国市场上米糠油的零售价已达到每磅[①]1.2 美元（约合 18 500 元/t），远超过豆油、花生油等传统植物油的售价，且销势十分看好。在日本以及欧洲一些国家，米糠油也很受消费者青睐，其售价远超过其他植物油。在我国，精纯米糠油的平均售价达到 13 600 元/t 以上，相比其他油类产品高出不少。

3.2　米糠制油的前处理

米糠油厂的工艺设计包括预处理工艺、提取工艺和精炼工艺。预处理工艺有

---

① 磅的符号为 lb，1 lb=0.454 kg。

米糠的清选工艺、造粒工艺、烘干工艺；提取工艺则有粕、油两条工艺路线。米糠油的提取工艺主要有压榨法和浸出法两种。

米糠含有极活泼的脂解酶，致使米糠所含油分迅速分解成游离脂肪酸而酸败变质，脂质中游离脂肪酸含量不断增加，储存稳定性极差，从而导致米糠制油时毛油出油率低、酸价高、炼耗大，极大地阻碍了米糠制油的发展；而且酸败的米糠作饲料也将影响畜禽的生长发育。因此，防止米糠酸败、稳定米糠品质，是保证米糠这一宝贵油料资源综合利用的首要问题。

多年来，国内外科技工作者为稳定米糠品质、提高制油得率，进行了大量的应用研究工作。其中，采用挤压膨化法作为米糠制油的前处理工艺，是目前米糠稳定保鲜和提高制油得率的可靠方法。在挤压机中米糠在高温（130℃左右）下，经过机械摩擦、挤压等作用，可以钝化米糠中的各种酶类，特别是脂解酶、氧化酶等，降低米糠水分，抑制米糠酸价过快上升，提高米糠储存的稳定性；蛋白质变性，淀粉糊化，并迅速破坏细胞结构，使油脂均匀地扩散出来，易于提取；使粉末状米糠变成多孔状的颗粒，增大溶剂渗透时的表面积，提高米糠的相对密度和浸出渗透性，从而提高得率、降低溶耗、增大产量。

米糠挤压膨化工艺及其效果，不仅解决米糠的保鲜问题，更重要的是它决定了浸出制油效果和精炼得率以及油品质量问题，也可以说在一定程度上决定了经济效益问题，且主要由米糠原料的特性和操作工艺条件所决定。

米糠挤压膨化工艺流程为：

原料米糠→清理去杂→调质→挤压膨化→冷却→膨化米糠

为提高膨化米糠的品质与出油效率，须经筛选去杂，再经过水、汽调节，以达到膨化要求。对原料米糠进行预热与不预热，膨化效果不一样，经预热后的米糠比未预热的米糠，膨化产量和效果要优。米糠原料水分一般为12%左右，含油量平均15%～18%。米糠经清理去除大部分杂质后纯度相应提高，经挤压膨化后由于高温与压力突降，原料中的水分迅速汽化。因此，膨化后米糠水分降低为7%～8%，含油量由于纯度的提高而相应提高达16%～19%。

米糠经膨化后，由于在高压下加热、瞬间喷爆作用，形成直径为3 mm左右、长度不等的具有一定强度的米糠颗粒，使米糠中的脂解酶失去活性，抑制了酸价过快上升，大大提高了米糠的储存稳定性；同时，膨化后的米糠内部形成了无数的微孔状结构，其容重从原料米糠的305 kg/m^{3}提高到475 kg/m^3，增加了50%以上；溶剂渗透率、渗透速率显著升高。

3.3 米糠油的制取

米糠油主要是油酸、亚油酸和棕榈酸的甘油酯。生产米糠油的方法有压榨法和浸出法（萃取法）两种。压榨法工艺简单，技术和设备要求低，适合于乡镇企业生产。目前工业化大生产多以浸出法取油为主。

3.3.1　压榨法制取米糠油

压榨法提取米糠油的工艺流程为：

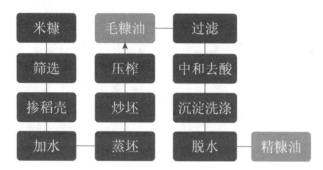

将一定量的米糠投入搅拌器并缓慢加入 5%～8%的水，进行搅拌。将搅拌均匀的米糠投入蒸馏锅中，进行 45～60 min 的蒸坯，以蒸后糠坯几乎不黏手为宜。将蒸好的糠坯装入容器并放入榨油机压榨，压榨温度应保持在 50℃以上，否则会影响出油率。将榨出的油倒入加热器内加热，使水分蒸发，同时使米糠油容易过滤而除出杂质，即得到毛糠油。将毛糠油经脱胶、脱酸、脱色和脱臭，即得精制米糠油，可供食用。

GB 19112—2003 中，对于米糠原油、压榨成品油和浸出成品油的质量标准要求如表 3.1 和表 3.2 所示。

表 3.1　米糠原油质量标准

项目	质量指标
气味、滋味	具有米糠原油固有的气味和滋味，无异味
水分及挥发物/%	≤0.20
不溶性杂质/%	≤0.20
酸价 (KOH)/(mg/g)	≤4.0
过氧化值/(mmol/kg)	≤7.5
溶剂残留量/(mg/kg)	≤100

注：黑体部分指标强制。

表 3.2　压榨成品米糠油、浸出成品米糠油质量标准

项目		质量指标		
		二级	三级	四级
色泽	（罗维朋比色槽 25.4 mm）≤	黄35	红 3.0	黄35	红 **6.0**
	（罗维朋比色槽 133.4 mm）≤	黄 35	红 3.0	黄 35	红 **5.0**

续表

项目	质量指标			
	一级	二级	三级	四级
气味和滋味	无气味、口感好	气味、口感良好	具有米糠油固有的气味和滋味，无异味	具有米糠油固有的气味和滋味，无异味
透明度	澄清、透明	澄清、透明	—	—
水分及挥发物/%≤	0.05	0.05	0.10	**0.20**
不溶性杂质/%≤	0.05	0.05	0.05	**0.05**
酸价(KOH)/(mg/g)≤	0.20	0.30	1.0	**3.0**
过氧化值/(mmol/kg)≤	5.0	5.0	7.5	**7.5**
加热实验(280℃)	—	—	无析出物，罗维朋比色：黄色值不变，红色值增加小于0.4	微量析出物，罗维朋比色：黄色值不变，红色值增加小于**4.0**，蓝色值增加小于**0.5**
含皂量/%≤	—	—	0.03	**0.03**
烟点/℃≤	215	205	—	—
冷冻实验（0℃储藏5.5 h）	澄清、透明	—	—	—
溶剂残留量/(mg/kg)　浸出油	不得检出	不得检出	≤50	**≤50**
压榨油	不得检出	不得检出	不得检出	**不得检出**

注：①划有"—"者不做检测。压榨油和一、二级浸出油的溶剂残留量检出值小于10 mg/kg时，视为未检出。
②黑体部分指标强制。

3.3.2 常规浸出法制取米糠油

浸出法是目前采用最为普遍的一种植物油脂制取工艺。以浸出法提取米糠油的生产工艺为：

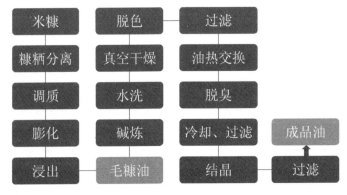

最早采用普通的日处理30 t的间歇式大喷淋平转式浸出器和与之相配套的其

他设备进行生产。由于物料不畅，湿粕堵塞，蒸烘不佳，溶耗较大，粕残油较高，效果不尽如人意。为此，有研究者根据米糠的物化特性与实际效果，对原成套浸出设备的入浸物料控制、混合油过滤、湿粕输送喂料及蒸脱机混合气体粕末的扑集等环节进行了改进，取得了满意的效果。

改进后的工艺操作参数包括：浸出器采用料温 25～30℃；溶剂流量 1.4～1.6 m³/h；溶剂预热温度 55～60℃；浸出温度 32～36℃；混合油浓度 16%～18%。第一长管蒸发器的进入油温 36～42℃；间歇气压力 0.2～0.3 MPa；气相温度 80～85℃；冷凝器进水温度 20～22℃，出水温度 34～36℃。第二长管蒸发器间接气压力 0.30～0.35 MPa；气相温度 100～105℃；冷凝器进水温度 20～22℃，出水温度 35～36℃。蝶式汽提塔间接气压力 0.4～0.45 MPa；直接气压力上段 0.05～0.06 MPa，下段 0.08 MPa；油温 110℃左右；冷凝器出水温度 32～33℃。蒸脱机间接气压力 0.4～0.5 MPa；直接气压力 0.02 MPa；气相温度 80℃左右；扑粕器水温 80～85℃；出粕温度 100～102℃；冷凝器出水温度 36～38℃。

表 3.3 是浸出工艺生产米糠油获得的粕水分与残油检测数据。浸出后，粕含水分平均 10%左右，粕残油平均 1.30%左右，毛油出油率平均 17.5%，出油效率 95%～97%，溶剂比平均为 1∶0.70，出粕率为 85%～87%，溶剂损耗平均为 4.5 kg/t，产量 32 t/d 左右。

表 3.3　浸出粕水分与残油测定结果（%）

序号	水分	残油	序号	水分	残油
1	10.04	1.14	13	10.37	1.26
2	9.20	0.96	14	10.38	1.03
3	10.19	1.45	15	8.70	1.07
4	10.10	1.49	16	10.47	1.20
5	9.87	1.32	17	10.10	1.28
6	10.19	1.41	18	10.23	1.28
7	10.01	1.29	19	10.29	1.32
8	10.28	1.31	20	10.80	1.20
9	10.87	1.33	21	10.70	1.45
10	10.02	1.40	22	11.20	1.30
11	10.07	1.28	23	9.90	1.24
12	9.10	1.48	24	10.50	1.57

在米糠浸出操作过程中，需要注意以下几方面。

1. 浸出温度

通常油料浸出温度根据 6#① 溶剂的馏程，一般控制在 50℃左右。对于膨化米糠，由于在膨化后有一个冷却定型过程，加之需有一定量的储备，所以入浸料温较低。为了提高入浸料温，在输料刮板机下底增设了加热蒸汽排管，提高了新鲜溶剂预热温度（≤60℃），但浸出温度始终达不到 40℃，一般为 34～36℃。从粕残油与出油率看，如能将入浸料温度提高到 50℃左右，使浸出温度提高，则效果会更好。但从另一方面看，由于米糠含蜡量比较高，在浸出过程中如浸出温度高则毛油中含蜡量会相应增加。在日本，提倡米糠采用低温（15～20℃）负压浸出，以解决米糠油含蜡量的多少与浸出温度高低正相关的矛盾。但是，浸出温度低，不但会使溶剂渗透困难，而且发现因糠蜡凝聚与其他杂物相混形成纤维状物，阻塞混合油过滤器、混合油泵、管道、喷头等。所以，膨化米糠入浸前适当预热提温，以提高浸出温度是十分必要的。

2. 物料流量控制

一般成套浸出设备各工序的物料流量前后基本上是稳定的，浸出时间也是固定的。但对于米糠浸出来说，膨化米糠颗料由于受含水量和季节变化而带来的外界因素（温度、操作条件）的影响，其结构质地与性状也不尽稳定，加上运输、输送过程中人为及机械因素，会大大增加入浸料的粉末度，影响溶剂的渗透效果。根据浸出过程中溶剂与混合油的渗透、滴干情况，相应地调整入浸米糠的流量是十分必要的。根据实验，若将送料刮板、封闭绞龙、浸出器的传动装置配成无级变速则会很好地解决这一问题。

3. 混合油喷淋

严格控制循环混合油的喷淋量是提高膨化米糠浸出效果的必要条件。操作中根据溶剂（混合油）在米糠料中的渗透情况，调整循环混合油流量，使浸出料格上有一定液面，料面不干。但料面不能存大量混合油，更不能使料面混合油溢流，从而提高浸出效果。

3.3.3　低温浸出法制取米糠油

采用低温造粒及低温浸出工艺制取米糠油，技术路线如图 3.3 所示。

1. 预处理系统

米糠首先经糠秕分离后进行清选，去除杂质，磁选器选出铁杂，进入调质锅

---

① 6#为一种溶剂代号，以六碳烷烃为主的溶剂。

进行预热调质，然后进入造粒机进行造粒。造粒后的米糠因水分含量较高，需提升至气流烘干机烘干后，再经刮板机输送至浸出车间。

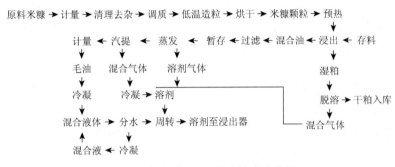

图 3.3　米糠预处理、浸出技术路线图

2. 浸出、蒸脱系统

经烘干后的米糠颗粒进入浸出车间，首先进入浸出器的密封绞龙，以密封住溶剂的泄漏，米糠颗粒入浸出器后，分置在不同的料格中，以逆流浸出的方式对其进行浸出，六次循环浸出的混合油浓度逐渐减小，最后再经纯溶剂浸出，糠粕经滴干后由埋刮板输送机输送到蒸脱机。蒸脱机的作用是把浸出后含大量有机溶剂的糠粕加热蒸发，使糠粕与溶剂分离，糠粕运至包装车间，溶剂被蒸发成气体送去冷凝回收。

3. 糠粕冷却、包装系统

糠粕经气力输送至包装车间，经关风卸料器卸入冷却机进行冷却，以防高温糠粕包装后变质。糠粕冷却至要求温度以下、水分为安全水区间后，由提升机提至包装机计量包装，称为成品糠粕，入库待售。

4. 混合油蒸发系统

混合油经混合油泵送入混合油暂存罐，然后经第一蒸发器、第二蒸发器和层蝶式汽提塔蒸发后，混合油中的溶剂基本被蒸发出去，剩下的就是米糠油，油泵将其输送至米糠油罐。

3.3.4　其他米糠油制取技术

1. 室温快速平衡浸出法

为了最大限度地提取米糠中的脂质成分，常采用米糠一次浸出工艺或米糠膨化浸出工艺。这些工艺均采用以己烷为主的溶剂为浸出溶剂，进行高温（50～60℃）溶剂浸出。己烷在高温下易挥发且为易燃易爆、有毒介质，不利于生产加工操作和储存，且浸出米糠油中磷脂、游离脂肪酸（FFA）含量高，不利于油脂加工和储存。Goldfisch 在室温条件下采用快速平衡浸出法进行研究，使用原料为普通稻谷脱皮壳碾米后的新鲜米糠，用己烷在 22℃下浸出 1 g 米糠，浸出米糠油的数量在 10 min 后测定，快速平衡浸出油脂得率达到 90%～97%。用己烷、异丙醇作溶剂在室温下平衡浸出，对米糠油得率以及浸出油脂的氧化稳定性进行了研究。结果表明，用异丙醇浸出油得率与己烷相同；用己烷、异丙醇作溶剂室温下平衡浸出，米糠油的 FFA含量和含磷量相同。改变溶剂/米糠比例不能明显改变 FFA 含量，而且浸出磷脂含量差别很小。异丙醇浸出油的氧化稳定性高于己烷浸出油；异丙醇浸出油含有更多的有助于油脂氧化稳定的生育酚，而这些生育酚不容易被己烷浸出。

2. 超临界二氧化碳浸出法

经传统的压榨或有机溶剂浸出工艺生产的米糠毛油，酸价较高，给后来的精炼带来困难，得率也低。随着超临界流体技术研究的不断深入，超临界二氧化碳浸出法（$SC-CO_2$ 法）在米糠制油中也被研究。浸出过程中，首先对原料进行适当预处理，钝化脂解酶的活性，再通过变换压力、温度等参数，调整 $SC-CO_2$ 浸出能力，从而达到去除 FFA，提高米糠油品质及得率的目的。$SC-CO_2$ 法提取的米糠油中含磷和铁量极少，油的色泽比己烷提取的油要浅得多，但由于设备投资昂贵，其应用受到限制，目前很难实现工业化生产。

3. 酶催化浸出法

酶催化浸出工艺包括米糠的预处理、酶处理、油和其他组分的收集。酶催化浸出工艺的效果取决于温度、酶反应时间、米糠在水中浓度和酶用量等。酶催化浸出工艺优于其他制取工艺，它几乎可有效地从米糠中获取全部油脂。油脂质量优质，粕中蛋白质含量高，灰分和纤维含量低，可直接作为食品配料及家畜饲料使用。

3.4　米糠油的精炼与加工

米糠毛油中含有较多的非甘油三酯成分，如游离脂肪酸（FFA）、磷脂、糖脂质、脂蛋白、色素、糠蜡等，这些物质的存在使米糠油形成了酸价高、色泽深、含蜡多的特点。这些物质的存在不仅严重影响了米糠油的食用性能，而且给米糠油的精炼提出了较高的要求。

米糠毛油的 FFA 含量取决于原料米糠的质量，一般为 3%～20%，若超过 20%

则只适合于制皂或其他工业用途。米糠油成熟的精炼方法有化学精炼、物理精炼和酯化精炼等几种。化学精炼由于米糠油的酸价高需要进行两次碱炼，第二道碱炼皂脚含有大量的谷维素，用作提取谷维素的原料。化学精炼的中性油损失多，精炼率低，并产生较多的污水污染环境。但化学精炼的米糠油质量好，可用于生产米糠高烹油、色拉油。物理精炼是利用高温、高真空将米糠油中的FFA 蒸馏出而达到脱酸的目的。物理精炼损耗较化学精炼少近一倍，且脱酸过程不产生污染环境的废水。但物理精炼出来的油品很难做到色拉油、高烹油等级，最多只能达到一级米糠油的标准。高 FFA 含量的工业用米糠油的脱酸，在脱胶和脱蜡后，给其中加进甘油并使用酸作催化剂，可通过酯化取得脱酸效果。酯化反应不是简单的一般反应，它必须具备包括高真空、一定的温度、特定的催化剂及其用量等必要的条件，同时还要保证高酸价油脂、甘油和催化剂三者充分而持续地接触。

另外，印度发明了同时脱胶脱蜡的米糠油精炼新工艺。该法是将米糠毛油与氯化钙水溶液混合，在低温（20℃）下结晶，使水化磷脂和非水化磷脂与蜡一起沉析分离，随后的脱色和冬化（20℃）可进一步将磷脂含量降到 5 mg/kg 以下。这些初步加工可以使物理精炼的米糠油满足市售商品对其色泽（罗维朋值10～12，25.4 mm 槽）、FFA 含量（＜0.25%）和浊点（4～5℃）的要求，且中性油损失少。该工艺可在最终产品中保留超过 80%的生物活性物质，如谷维素、生育酚和甾醇等。

我国米糠油精炼通常采用传统的化学碱炼或普通的物理精炼方法，前者谷维素、角鲨烯、维生素 E 等大量对人体有利物质，绝大部分进入油脚而流失；后者精炼温度高，而且炼耗较大，存在物料返混情况。因此，如何在去除 FFA、胶质、蜡质、色素等有害成分的同时，最大限度地保留谷维素等生理活性物质，是米糠油精炼的技术难题。

3.4.1　米糠油的常规精炼技术

目前米糠油行业运用较广泛的精炼工艺流程为：

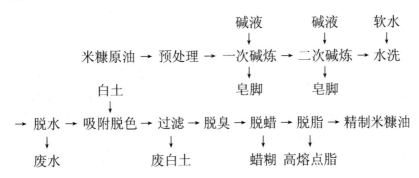

1. 脱胶和脱酸

毛油属于胶体体系，其中的磷脂、蛋白质、黏液质和糖基甘油二酯等，因与甘油三酯组成溶胶体系而得名为油脂的胶溶性杂质。胶溶性杂质的存在不仅影响油脂的稳定性，而且影响油脂精炼和深度加工的工艺效果。应用物理、化学或物理化学的方法脱除毛油中胶溶性杂质的工艺过程称为脱胶。脱胶的方法有水化脱胶、酸炼脱胶、吸附脱胶、热聚脱胶及化学试剂脱胶等，油脂工业上应用最为普遍的是水化脱胶和酸炼脱胶。而食用油脂的精制多采用水化脱胶，强酸酸炼脱胶则用于工业用油的精制。

目前，米糠毛油的精炼方法有均经磷酸脱胶的化学精炼和物理精炼。化学精炼存在着中性油损失大，谷维素和其他生物活性物质保留少的缺点。传统的磷酸处理工艺不能脱除磷脂，还会使精炼油的色泽加深。为了解决米糠油精炼难题，研究者们开发溶剂精炼法、酶催化酯化法、膜过滤法等工艺。溶剂精炼法效率低，中性油损失大，且油的色泽深；酶催化 FFA 酯化的生物精炼，因为效率低和经济性原因也未成功应用；膜过滤去除毛米糠油中的胶质和蜡被认为是很有发展前途的方法，但要使其经济上可行还有大量的工作要做。考虑到米糠毛油的组成、经济性和营养性，目前物理精炼法比较合适。磷脂酶进行酶法脱胶可使磷含量降到 5 mg/kg，但其经济可行性仍需确定。

一般油脂被提取出来后，其中都含有一定量的 FFA，如果不除去，就会影响油脂的色泽、风味和保质期等，因此，在油脂精炼过程中，脱酸是必不可少的步骤。对于米糠油这种高酸价的油脂来说，脱酸是其精炼过程中最重要的一步。目前，用于米糠油脱酸的方法主要有物理蒸馏脱酸、生物脱酸法（酶催化脱酸）、化学再酯化脱酸法、溶剂萃取脱酸法、超临界萃取脱酸法、膜技术脱酸法、液晶态脱酸法等。传统的化学碱炼法并不适合米糠油的脱酸，因为米糠油的酸价高，为了达到脱酸的效果，就必须加大碱的用量，这样就会在中和 FFA 的同时也会皂化大量中性油，使炼耗量增大，因此，米糠油脱酸精炼较少采用化学碱炼法。采用化学碱炼的方法，米糠毛油酸价的炼耗比为 1 ∶（1.2～1.5），且消耗较多的辅助材料，生产成本较高。

2. 脱色

高酸价油脂通常色泽都很深，油脂中的色素可分为天然色素和非天然色素。天然色素主要包括胡萝卜素、类胡萝卜素、叶绿素和叶红素等；非天然色素是油料在储藏、加工过程中的化学变化引起的，如铁离子与脂肪酸作用生成的脂肪酸铁盐溶入油中，加深油色，一般呈深红色；糖类及蛋白质的分解而使油脂呈棕褐色；还有叶绿素受高温发生变化呈红色的物质，这种叶绿素红色变体在脱色工序中是最难除去的。另外，油中还含有大量的 FFA、胶质、蛋白质、不皂化物等。

胶质、蛋白质等杂质通过磷酸处理和水化脱胶，以及后工序脱色剂（白土）吸附等完全可以脱除得很彻底，而 FAA 是要保留的成分。米糠油这种含有大量 FAA 的脱胶油采用常规物理化学吸附法（活性白土+活性炭）脱色效果不太明显。实际上活性白土脱色效果的好坏除了与温度、真空度、反应时间、搅拌、白土的酸度、水分、粒径、种类等有关外，还与油品的品质有关，如油中的 FAA、脂肪酸铁及脂肪酸与某种色素形成的复杂呈色化合物存在量的多少等。

常规物理化学吸附脱色法所使用的活性白土，是用强无机酸处理（酸化）天然漂土而生成的，对于色素及其他胶态物质吸附能力很强，特别对于碱性原子团和极性原子团吸附能力更强。FAA 是一类极性物质，当遇到活性白土后，FAA 首先被吸附，从而减少了白土的活化表面，即引起活性白土中毒使其失去脱色能力。米糠油在脱色后酸价降低，这与通常的油脂脱色会引起酸价稍微升高的现象相违背，这一现象实际上是油中的 FAA 被白土吸附后引起的。由此看来，对高酸价油要采用常规法脱色是非常困难的。

油脂脱色方法除了物理化学吸附法外，还有化学法，如氧化法（双氧水、重铬酸钠等）、还原法、酸炼法、加热法和光化学法等。化学试剂脱色法不适用于食用油脂的精制，因为该方法不仅影响油品品质（发生副反应），而且试剂还有可能残留在油脂中影响安全卫生。加热法仅限于某些混有热敏性色素的油脂的辅助脱色。光化学法需要很长时间，当脱色达到要求时油已经酸败变质。

压榨法制取的米糠油颜色较好，而浸出米糠油呈暗棕色或暗绿色，如果米糠陈化则米糠油颜色更深，普通脱色工艺难以脱净色素，而且成本大。采用环流蒸汽搅拌式脱色塔，较好地实现了米糠油的脱色。在实践生产中，脱色时间的长短直接影响脱色效果，时间过短脱色效果不好；时间过长会引起新色素的形成和热固定现象的发生，造成油脂的氧化和回色。

3. 脱臭

纯净的甘油三酯是没有气味的，但用不同制取工艺得到的油脂都具有不同程度的气味，米糠毛油所带的气味不受人们欢迎，需要去除。引起油脂臭味的主要组分有低分子的醛、酮、FAA、不饱和碳氢化合物等；在油脂制取和加工过程中也会产生新的异味，如焦煳味、溶剂味、漂土味、氢化异味等。气味物质与 FAA 之间存在一定关系，当降低 FAA 的含量时，能相应地降低油中一部分臭味组分，脱臭与脱酸是非常相关的。

米糠毛油的脱臭，不仅可除去油中的臭味物质，提高油脂的烟点，改善食用油的风味，还能使油脂的稳定度、色度和品质有所改善。因为在脱臭的同时，还能脱除 FAA、过氧化物和一些热敏性色素，除去原料中蛋白质的挥发性分解物，除去小分子量的多环芳烃及残留农药等。米糠油脱臭主要是利用油脂中臭味物质与甘油三酯挥发度的差异，在高温和高真空条件下借助水蒸气蒸馏脱除臭味物质的工艺过程。中性油脂的蒸馏损耗与脱臭条件有关，操作压力低、温度高时损耗高，反之则损耗低。脱臭时中性油脂的蒸馏损耗，可认为是甘油三酯水解生成的甘油二酯和脂肪酸被蒸馏而损耗。

我国米糠油连续精炼多使用塔盘式脱臭塔和填料脱臭塔。在米糠油脱臭过程中，甾醇和维生素 E 易被蒸馏物夹带而损失。米糠油的脱臭工艺条件不同，这些活性物质的损失率也不同。因此，在生产过程中，要适当控制较低的脱臭温度、直接蒸汽的通入量和时间，使甾醇和维生素 E 的损失减少到最低。

4. 脱蜡

常温（30℃）以下，蜡质在油脂中的溶解度降低，析出蜡的晶粒而成为油溶胶，随着储存时间的延长，蜡的晶粒逐渐增大而变成悬浮体，可见，蜡质的存在对油脂体系的稳定性具有很大影响。油脂中含有少量蜡质，即可使浊点升高，使油品的透明度和消化吸收率下降，并使气滋味和适口性变差，从而降低了油脂的食用品质、营养价值及工业使用价值。另一方面，蜡是重要的工业原料，可用于制蜡纸、防水剂、光泽剂等。

米糠毛油中含有 2%～5%的蜡质，加工为食用油需进行脱蜡操作，如要生产色拉油操作难度更大。脱蜡是米糠油精炼工艺的一道关键工序，脱蜡效果的优劣直接影响精炼成品油的质量和精炼得率以及糠蜡综合利用的效果。米糠油的脱蜡工艺有常规法、表面活性剂法、溶剂脱蜡法、稀碱法等。工业生产常采用的是常规法，其次是表面活性剂法，其他方法很少采用或未实现工业化生产。

常规法脱蜡工艺一般分两个步骤，第一步是以一定的结晶速率将温度比较高的油冷却到 25℃以下，然后在此温度下继续结晶一段时间；第二步用压缩空气或柱塞泵将结晶后的油导入养晶罐内，保持油温不变，继续养晶一段时间，以利于形成稳定的晶形。为了不使油脂剧冷而影响结晶效果，油与冷却剂间的温差不能太大，一般控制在 5℃左右。在糠蜡结晶养晶过程中，因为搅拌速度对晶粒的形成和脱蜡效果有一定影响，因此应采用较慢的转速（13～15 r/min）进行搅拌。输送方式最好采用弱紊流、低剪切力往复式柱塞泵（螺杆泵）；或者用压缩空气压滤（控制空气的压力和流量），避免蜡晶破碎。采用卧式振动叶片过滤机，过滤压力应维持在 0.30～0.35 MPa，过滤后应及时用过饱和水蒸气吹出残油和糠蜡。米糠脱蜡工艺获得的副产物为生产精制糠蜡提供了良好的原料保证。

加入表面活性剂，有助于蜡的结晶。表面活性剂分子中的非极性基团，与蜡的烃基有较强的亲和力而形成共聚体。表面活性剂具有较强的极性基团，因而共聚体的极性远大于单体蜡，使油-蜡界面的表面张力大大增加，而且共聚体晶粒大，生长速度也快，与油脂也易于分离。米糠毛油中的磷脂、甘油一酯、甘油二酯、

FFA，以及碱炼中生成的肥皂，都是良好的表面活性剂，能在低温条件下把蜡从油中拉出来。这就是米糠油等能在低温脱胶和碱炼的同时进行脱蜡的主要依据。但是，蜡和油之间还存在着一定亲和力，上述油脂中的表面活性物质，尚没有足够的拉力，将油脂中的全部蜡分子分离出来，还要加入一些强有力的表面活性剂才能达到好的脱蜡效果。常用的有聚丙烯酰胺、脂肪族烷基硫酸盐、糖脂等。

对于不同的油脂，学者们持不同的见解，如有人认为糠蜡熔点高、分子量大、晶粒坚实而大，应少加这类助晶剂，否则，加入表面活性剂易造成乳化现象，促使甘油三酯分解成胶溶性较强的甘油二酯或甘油一酯，给蜡、油分离及其质量带来不良影响。这些有待于通过科学研究验证和完善。

5. 脱脂

米糠油中还含有3%～8%的固体脂，在国家标准一级油生产时，必须进行脱脂处理。米糠油脱脂与脱蜡原理一样，只是要采用更低的温度（0～5℃）进行结晶养晶。在此温度范围内未脱脂的米糠油黏度很大，流动性差，因此在采用冷冻盐水直接进入筒形结晶罐的夹套进行降温结晶的工艺时，为节约能量，应选用小直径的筒体罐，并选用多排桨叶搅拌器，且相邻两排桨叶应互相垂直，以增加搅拌效率。与脱蜡一样，搅拌速度对脂晶粒的形成和脱脂效果有一定的影响，应采用较慢的转速（8～13 r/min）进行搅拌。在过滤时过滤压力也不宜太大，在开始时可借重力进行过滤，然后再慢慢加压过滤，压力最高不应超过 0.2 MPa，否则结晶易受压破碎而堵塞过滤孔隙。为提高过滤速率，可添加0.1 %～0.2 %的助滤剂，其过滤速率可提高 4 倍左右，但必须再次脱臭除去油中的异味，因此国内厂家一般不加助滤剂。

3.4.2　米糠油的物理精炼

米糠油物理精炼技术是借助真空水蒸气蒸馏达到脱酸目的的一种精炼方法，此法是高脂肪酸值油脂进行脱酸的常用方法。采用此工艺可使谷维素、维生素 E 等功能性成分尽可能多地保留在米糠油中，并可对糠蜡等进行开发利用，提高其附加值。其工艺流程如下：

米糠原油 → 特殊脱胶 → 脱色 → 脱酸脱臭 → 脱蜡
　　　　　　　↓　　　　　　　　　　↓　　　　↓
　　　　　　油脚　　　　　　　　馏出物　　蜡糊

→ 脱脂 → 精制米糠油
　　↓
高熔点脂

物理精炼以其比较简单的工艺流程，可直接获得质量较高的精炼油和副产品脂肪酸，而且具有节省原辅材料、没有废水污染、产品稳定性好、精炼率高等优点，越来越引起人们的关注。尤其对高酸价的米糠油脂，其优越性更加显著。

物理精炼包括蒸馏前的预处理和蒸馏脱酸两个阶段。由于预处理对物理精炼油的质量起着决定性作用，近几年来对米糠油的物理精炼研究主要集中于预处理方面。Bhattacharrya 对脂肪酸含量为 4.0%～12.4%的米糠油，经过几种脱胶脱蜡方式处理、脱色后的物理精炼米糠油的特性进行了研究。结果表明，低温（10℃）加工后物理精炼米糠油的色泽、FFA、胶质和蜡总量、谷维素、生育酚含量均非常好，适当低温处理（17℃）是可以的。室温（32℃）或稍低于室温（25℃）的联合脱胶脱蜡，物理精炼米糠油的质量不受欢迎。低温（10℃）脱蜡无论对低 FFA 含量还是高 FFA 含量的油脂，均可获得色泽等品质较好的精炼米糠油脂（RBO）。经磷酸脱胶（65℃）、低温脱蜡（10℃）、脱色物理精炼的油脂，其色泽比同温（65℃）水脱胶和水脱蜡（10℃）、脱色物理精炼油色泽深；较高温度下脱蜡（17℃或25℃）对油脂的色泽无影响。磷酸脱胶（65℃）、水脱蜡（25℃）、脱色物理精炼的油脂色泽优于水脱胶替代磷酸脱胶工艺获得的油脂色泽；磷酸脱胶的精炼米糠油中，生育酚含量低于水脱胶的精炼米糠油。低温（10℃）脱胶、脱蜡后，米糠油的物理精炼可生产出色浅、FFA 含量低、谷维素和生育酚含量高的优质米糠油。

米糠油物理精炼的脱色、脱蜡、脱脂技术与米糠油化学精炼的脱色、脱蜡、脱脂技术相同，其不同点在于前者对脱胶油的要求比较高，而常规水化工艺得到的脱胶油含磷量太高，因此必须采用其他方法脱除油中的磷脂以满足要求。

1. 特殊湿法脱胶

物理精炼要求脱胶油的含磷量小于 15 mg/kg，但常规水化工艺得到的脱胶油含磷量为 100～200 mg/kg，而且脱胶油中的金属离子含量也较高。它们的存在会导致产品色泽加深、透明度下降、风味和稳定性降低，甚至可能使脱酸脱臭工序无法进行，因此有必要开发新的工艺以满足物理精炼的需要。根据油中的非水化磷脂在酸性或碱性的条件下，磷脂可以形成不溶于油的水合液态晶体的原理，特殊湿法脱胶工艺便应运而生。其主要过程是利用磷酸或柠檬酸进行调理，然后加入絮凝剂反应一段时间后，再离心分离得到脱胶油。据资料介绍，此工艺可使脱胶油中的含磷量降至 8 mg/kg，完全可满足物理精炼的需要。

2. 脱酸脱臭

米糠油脱酸脱臭是利用脂肪酸、臭味物质与甘油三酯蒸气压的不同，在高温和高真空条件下借助水蒸气将它们蒸馏脱除，并通过热力脱色去除部分热敏性色素的工艺过程。国内设计的高效脱酸脱臭系统，可最大限度地将米糠油中的 FFA、臭味和叶绿素、类胡萝卜素等热敏性色素分解脱除，并且通过有效的热补偿系统极大地降低了进料的温度，缩短了油在脱酸脱臭系统中的滞留时间，其可调范围为 15～40 min，从而相应地减少了直接蒸汽的喷入量，较多地保留了油中的谷维素、维生素 E 等功能性营养成分，有效地实现了米糠油的脱酸脱臭。

3.4.3　米糠油的其他精炼技术

1. 分子蒸馏技术

分子蒸馏脱酸技术是近年来才发展起来的一种新型油脂脱酸技术。它是一种特殊的液-液分离的高新分离技术，它突破了常规蒸馏依靠沸点差分离物质的原理，而是依靠不同物质分子运动平均自由程的差别实现物质的分离。分子（短程）蒸馏采用内部冷凝设备，减少了物料气化的时间。因此，它具有常规蒸馏不可比拟的优点，如蒸馏压力低、受热时间短、操作温度低和分离程度高等。分子蒸馏技术已被国内外许多专家学者用于不同油脂的脱酸实验，都取得了很好的效果。根据分子蒸馏技术的特点和米糠油高酸价的特性，牛春祥等采用分子蒸馏技术进行了米糠油的脱酸实验研究。采用分子蒸馏技术生产出来的米糠油，不仅颜色浅、酸价低，且能有效地保护米糠油中的谷维素、维生素 E 等生物活性物质，从而保证了成品油具有较好的氧化稳定性，米糠油稳定性诱导时间也延长，减少了酸碱消耗与环境污染，并且可直接获得米糠脂肪酸产品。

分子（短程）蒸馏制取富含谷维素等活性物质米糠油的工艺流程为：

米糠→浸出→米糠毛油→脱胶→脱色（渣质）→脱蜡（蜡糊）→真空脱气
　　　→分子（短程）蒸馏脱酸脱臭→营养型米糠油

以溶剂比为 1∶1.1（质量比）进行米糠浸出操作，获得米糠毛油。脱胶、脱色预处理，主要是脱除 0.5%左右的磷脂、少量的脂蛋白、糖脂质、热敏物质和导致油脂氧化裂变的微量金属。脱胶工艺包括美国的醋酸脱胶工艺、阿伐-拉伐的脱胶工艺、磷酸脱胶工艺等。根据我国米糠油的质量和大多数厂家设备的情况，建议采用脱胶工艺为：油预热到 70℃左右，再加入一定量的磷酸，充分搅拌反应后再加入凝聚剂，使其充分吸附胶质，使脱胶油含磷量达到分子（短程）蒸馏的要求。工艺参数包括：磷酸浓度 85%，磷酸用量 2%～3%，脱胶温度 60～70℃，搅拌速度 60 r/min，搅拌时间 30 min。最终脱胶油含磷量为 5～20 mg/kg。脱胶工序中谷维素损失 1.1%左右，应控制好用水量及温度，避免谷维素的过多流失。

脱色工序中吸附剂的用量应根据油品而有所不变化，脱色剂不仅能吸附油脂的色素，而且油中少量的悬浮胶质也可被其吸附。常用的吸附脱色剂包括活性白土、活性炭、硅胶等。采用复合高效脱色剂，对去除米糠油中有害金属元素含量，抑制米糠油加工中二次色素的形成效果更佳。工艺参数为：吸附脱色剂用量 1%～3%，脱色增效剂用量 0.1%，脱色时间 20 min，脱色油温 150℃，真空度绝对压力＜3 kPa。

　　预处理后的毛糠油在进入分子蒸馏器前必须进行脱气处理,脱除油中的空气。一定流量的米糠毛油进入分子馏器,在转动的刮板或离心力的作用下,形成很薄的液膜,均匀地覆盖在蒸发表面,FFA 在高真空度下与米糠油的液面迅速分离,在冷凝器上冷凝,从而与米糠油分离,在冷凝器上凝结的脂肪酸流入脂肪酸收集器,脱过酸的米糠油则流入精炼油收集器。

　　用分子蒸馏技术提取的米糠油,谷维素等生物活性成分的含量高,氧化稳定性好,磷含量低,色泽浅,无臭味,比传统工艺回收率高,且不存在溶剂萃取法的溶剂分离回收以及普通物理精炼中的物料返混问题,在脱除 FFA 的同时,最大限度地保留了油脂中的有益成分。分子蒸馏的工艺参数为:真空度小于 30 Pa,温度 125～200℃,冷却水温度 50～60℃。

　　米糠油中含有 3%～4%的糠蜡,若精炼米糠油中含蜡量较多,会影响产品外观和口感,在低温下易于凝析沉淀,同时会引起消化不良、厌食等症状,所以精炼米糠油中含蜡量应小于 0.05%。一般采用冷冻过滤脱蜡,为确保成品油质量,可采用循环两次冷却结晶过滤。脱蜡工艺的参数为:冷却温度(20±2)℃,冷却时间 24～48 h,搅拌速度 10～13 r/min,过滤压力不大于 0.1 MPa。

　　若将米糠油精炼成色拉油还须进行冬化脱脂工序,冬化后,还可获得制取人造奶油、起酥油的固体脂。冬化工艺的操作参数为:冷却温度 7℃,结晶室温度 4℃,冬化时间 72 h。

　　分子(短程)蒸馏技术在我国起步较晚,20 世纪 80 年代后期引入该项技术,主要用于甘油一酯生产,由于应用面窄,发展速度慢。目前随着液-液分离技术的发展,分离装置的改进完善,尤其是我国在分子蒸馏成套工业化装置设计方面的突破,可实现工业装置高真空下长期稳定运行,使工业化生产富含维生素、谷维素等生理活性物质的营养型米糠油成为可能。应用分子蒸馏技术的工艺在生产油脂过程中减少了酸碱的消耗,有利于环境保护。但是分子蒸馏用于油脂生产还是一项较新的技术,存在成本及能耗较大等问题,如何在大规模油脂生产中降低能耗和生产成本,是一个急待解决的问题,也是制约分子蒸馏技术在油脂行业推广应用的"瓶颈"。

2. 米糠油的硅胶脱色法

　　米糠经溶剂浸出制得的米糠油,其色泽呈暗棕色、暗绿褐色或绿黄色,这主要取决于米糠储存中的变质程度、制油方法和加工条件。一般来说,米糠油的深色经脱色不能完全除去,生产清澈透明和色浅的米糠油较困难。A G Gopala Krishno 采用硅胶对米糠油脱色进行研究,包括硅胶柱渗滤脱色和硅胶同混合油混合脱色两种方法,取得了满意的脱色效果。

常规的工业精炼工艺为：

脱胶→一次脱蜡→精炼→脱色→二次脱蜡和脱臭

硅胶脱色的改进工艺为：

硅胶柱→渗滤处理→脱胶→脱蜡→精炼→脱色和脱臭

此法的缺点是混合油通过硅胶柱时，尤其是溶剂浸出的毛米糠油，流速较慢，在工业化生产中影响生产量。

3. 米糠油的生物精炼法

生物精炼法主要是利用生物酶来进行油脂的脱酸。此法是利用特定的脂肪酶使油脂中的 FFA 发生酯化反应，从而达到除去 FFA 的效果。Bhattacharrya 和 DKBkattacharrya 将生物精炼技术应用于高酸价米糠油的精炼，借助微生物酶（1, 3-特效脂肪酶）在一定条件下催化脂肪酸及甘油间的酯化反应，使大部分脂肪酸转化为甘油酯。他们所做的实验中，当毛糠油 FFA 为 30%，反应 1 h 时，FFA 降低至 19.2%；反应 2 h 时，FFA 降低至 8.5%；经 5 h 和 7 h 反应，FFA 分别降低至 4.7%和 3.6%。王恕等以 Mucor miehei 脂肪酶为催化剂来进行 FFA 与甘油的酯化反应，米糠油中 FFA 含量从 28.8%降到 3.6%。

生物精炼法最大的优点是在脱酸过程中性甘油三酯的含量不会减少，这是其他脱酸方法所不能企及的。但它的缺点也是很明显的，就是酶的成本太高，不适合工厂化生产，除非找到廉价的酶制剂。经过这种生物精炼脱酸处理的油中还残余一些 FFA，可再经过碱炼方法除去。就精炼特性而论，生物精炼和碱炼结合的工艺过程大大胜过物理精炼和碱炼中和相结合的工艺过程。同其他工艺比较，采用酶催化脱酸和碱中和结合的工艺过程，精炼高酸价米糠油需要的能量低，经济效益高。

4. 米糠油再酯化脱酸法

将油中 FFA 经酯化反应转化为中性甘油酯，达到脱酸的目的也是植物油脱酸方法之一。将米糠油脱胶和脱蜡后，采用甘油进行再酯化，可将 FFA 含量 15%～30%的米糠毛油得到脱酸效果而降低酸价。再将酯化法与传统的碱炼、脱色联合进行，制得色泽浅的食用油。毛糠油再酯化适宜于 180～200℃进行，使用超理论50%的过量甘油在 2 h 内中和 FFA，温度为 200℃，可使其含量从 15.3%降低为6.2%；在同样温度下，进行 4～6 h 的反应，FFA 含量仅分别降低 1%～2%；使用催化剂对油脂的酯化率无显著影响；在真空条件下可有效地进行再酯化反应。

米糠油经甘油一酯酯化后，经碱炼、脱色和脱臭或物理精炼，可获得优质米糠油，其色泽取决于毛油的色泽。不过此法是在高温、高真空和催化剂的条件下进行的脱酸，比生物脱酸法的条件要剧烈。董建林等用该法对高酸价的米糠油（酸价为 26.8 mg/g）进行酯化脱酸，处理后可使产品油的酸价下降到 1.5 mg/g。该法进行高酸价的米糠油的脱酸，在技术上是可行的。但从生产成本和损耗来说，该法精炼高酸价米糠油时，需要工业纯甘油一酯（MG），生产成品油成本太昂贵，能否用于工业生产有待于进一步研究。

5. 米糠油的混合油精炼法

C Bhattacharryaetal 采用混合油脱蜡和混合油碱炼法，将高 FFA 含量的米糠油精炼成皂化物含量低、色泽浅的烹调油。FFA 含量分别为 15.3、20.5% 和 30.2% 的毛糠油用磷酸在油相中脱胶后，用氯化钙和表面活性剂在（15±1）℃的己烷相中进行脱蜡、结晶，用离心机进行分离。将己烷加入己脱胶和脱蜡的油中，配成适当浓度的混合油（30%、45%、60%），加入碱液，洗涤皂脚，蒸去溶剂后进行脱水干燥，用 2% 的活性白土在（100±1）℃下进行脱色。当混合油浓度为 60% 时，油的色泽和炼耗指数都可以改善。对高 FFA 含量的米糠油进行混合油脱蜡再进行混合油碱炼，可将其精炼成可食用的烹调油。

6. 米糠油的膜技术脱酸

目前膜技术较多应用于大豆油的研究，通常采用模拟油来进行。V Kade 等将膜分离技术应用于米糠油脱酸，发明了溶剂浸出和膜技术脱酸工艺。油中 FFA 首先用甲醇浸出，相分离，含 FFA 的甲醇相经纳滤（nanofltration）产生一种 FFA 浓缩流，而含甲醇透过流循环至浸出器。浸出进行两次，膜过滤在直径 8 cm、高 25 cm 的不锈钢膜槽中进行，槽承压 6.9 MPa，容纳量 300 mL，有效过滤面积 14.5 cm^2。纳滤采用 BW-30 和 DS-5 两种膜，在不同压力（0.7～4.2 MPa）和温度（25～50℃）下进行。纳滤分 3 个阶段进行，每个阶段回收 FFA，第 3 次纳滤透过物甲醇（含少量 FFA）循环利用。含 FFA 16.5% 的毛米糠油用甲醇浸出脱酸，在甲醇/油（质量比）为 1.8：1 的适宜比例下，毛米糠油中 FFA 浓度降低至 3.3%，在甲醇/油（质量比）为 1：1 比例下进行二次浸出，油中 FFA 降低至 0.33%。应用工业膜回收甲醇浸出液中的 FFA。膜装置的资本消耗为每小时每千克加工油 48 美元，年操作消耗约为回收每吨 FFA 15 美元。该工艺不需要碱炼中和，不产生皂脚和废水，废物排出量最小，在工业应用中具有一定的经济优势，但存在成本高、膜再生困难的问题。

第4章 米糠蛋白的加工

过去，人们对谷物蛋白的研究主要在蛋白质的性质、生物合成等方面。近年来，人们在研究蛋白质功能性质方面取得一定进展的同时，着力于开发新的质优量广的蛋白质资源。因为尽管进行了无数技术上的革新，动物蛋白的生产仍是一种昂贵且总效率较低的过程，而谷物具有成本低廉、气味芳香、易于烹饪、富含矿物质和维生素等优点，引起世界各国的广泛关注。现在，随着技术的改进和研究的深入，谷物蛋白越来越多被用来生产价格低廉且被人们接受的各种形式的蛋白质产品。

稻米蛋白在稻谷中所占比例虽然不高，却是公认的优质植物蛋白，其可溶性蛋白质能被水、盐、醇和弱碱提取，不能被上述四种溶剂提取的称为残基蛋白（包括强碱溶的与碱不溶的蛋白质组分）。糙米蛋白由米蛋白和米糠蛋白组成，这两种蛋白质之间存在明显差异。米蛋白氨基酸组成配比合理，与 FAO/WHO 推荐的模式相近。同时，大米蛋白的生物价和蛋白质效用比在植物蛋白中是最好的，且其消化吸收率高，无过敏性。但由于米蛋白中有 70% 以上是难溶性的谷蛋白，因而提取米蛋白通常用较强的碱液或淀粉酶和蛋白酶，以增加米蛋白提取率，得到纯度较高的米蛋白产品。米糠蛋白与米蛋白一样具有良好的蛋白质功效比和生物价，其蛋白中含有约 80% 易溶的清蛋白和球蛋白，这与大豆蛋白接近。由于米糠中含有相当量的脂肪，其蛋白质分子被自身存在的大量二硫键交联，又被纤维素及植酸等物质束缚，该蛋白质提取前需进行脱脂及稳定化处理，这些因素造成米糠提取蛋白质的提取率较低。米糠用碱液与 α-淀粉酶联合处理，或用纤维素酶、木质素酶及植酸酶等处理，可显著提高米糠蛋白的提取效果，得到较高纯度的米糠蛋白。

4.1 米糠蛋白的营养及特征

蛋白质中必需氨基酸的含量和相互比值是衡量蛋白质营养价值的一项重要指标。苏氨酸、蛋氨酸、亮氨酸、异亮氨酸、赖氨酸、色氨酸、苯丙氨酸、缬氨酸为人体所必需氨基酸，而对于生长速度快以及胃消化功能尚不完全的婴儿，组氨酸也被认为是其成长所必需的氨基酸。另外，精氨酸、半胱氨酸也是出生时体重较轻婴儿的必需氨基酸。酪蛋白和大豆分离蛋白的氨基酸组成比较符合人体的需求，常作为评价蛋白质营养的参考标准，也作为婴儿食品的主要蛋白质原料。表 4.1 是几种蛋白质产品的氨基酸组成情况，由表中数据可以看出，米糠分离蛋白中丙氨酸、蛋氨酸、缬氨酸、精氨酸、亮氨酸、甘氨酸含量高于大豆分离蛋白，半胱氨酸、赖氨酸、谷氨酸低于大豆分离蛋白；相对于酪蛋白产品，米糠分离蛋白中的半胱氨酸、精氨酸、丙氨酸、甘氨酸、天冬氨酸含量较高，而亮氨酸、异亮氨酸、酪氨酸、赖氨酸、谷氨酸较低。

表4.1　几种蛋白质产品的氨基酸含量（mg/g）

氨基酸	米糠蛋白	米糠分离蛋白	酪蛋白	大豆分离蛋白
亮氨酸	80	74	84	68
异亮氨酸	30	39	49	41
缬氨酸	57	63	60	11
蛋氨酸	20	22	26	11
半胱氨酸	26	16	0.4	45
苯丙氨酸	51	46	45	52
酪氨酸	37	33	55	32
赖氨酸	55	47	71	52
苏氨酸	44	37	37	30
组氨酸	30	29	27	23
精氨酸	90	89	33	66
丝氨酸	53	41	46	42
丙氨酸	68	61	27	34
谷氨酸	153	125	190	170
天冬氨酸	105	80	63	99
甘氨酸	61	54	16	34
色氨酸	7	12	14	12

与FAO/WHO推荐的婴儿所需氨基酸指数相比（表4.2），米糠分离蛋白中蛋氨酸、组氨酸、苯丙氨酸高于推荐标准，而亮氨酸、异亮氨酸、赖氨酸、苏氨酸、色氨酸为限制性氨基酸。对非婴幼儿年龄段的人群来说，米糠蛋白中只有苏氨酸、赖氨酸为限制性氨基酸。虽然米糠蛋白效价比并不高，通常为1.6～1.9，蛋白质消化率为73%。但用稀碱提取的米糠浓缩蛋白的效价比为2.0～2.5，与酪蛋白（其效价比为2.5）相近，蛋白质消化率达90%。米糠分离蛋白的氨基酸组成比较适合于2～5岁儿童的需求，氨基酸组成与酪蛋白和大豆分离蛋白类似，生物效价与牛奶中酪蛋白相近，营养价值可与鸡蛋蛋白相媲美，且少有产生过敏性反应。因而，米糠蛋白被认为是一种理想的婴幼儿食品原料，可添加到婴幼儿配方奶粉、米粉中，也可添加到对一些食物过敏的儿童膳食中，作为重要的植物蛋白来源。

表 4.2　三种蛋白质与 FAO/WHO 推荐模式必需氨基酸组成 [g/（100 g 蛋白质）]

氨基酸	米糠蛋白	大米蛋白	鸡蛋蛋白	FAO/WHO 推荐模式
色氨酸	1.6	1.7	1.6	1.0
缬氨酸	5.5	5.8	6.8	5.0
苏氨酸	3.9	3.5	5.2	4.0
赖氨酸	5.8	4.0	5.6	5.5
亮氨酸	8.4	8.2	9.3	7.0
异亮氨酸	4.5	4.1	5.0	4.0
半胱氨酸+蛋氨酸	3.9	3.9	6.3	>3.5
苯丙氨酸+酪氨酸	11.1	10.3	5.6	>6.0

米糠蛋白低过敏性是它区别于其他植物蛋白的另一个特点。很多植物性蛋白中含有抗营养因子，如大豆和花生中含有对人体有害胰蛋白酶抑制素和凝血素；动物性食品中也有抗营养因子，如牛奶中 β-乳球蛋白、鸡蛋清中卵类黏蛋白等，它们会引起过敏或中毒反应，婴幼儿对这些因子更为敏感。而米糠中蛋白质不含类似致敏因子，目前也未见儿童对稻米有过敏反应报道。米糠蛋白非常适合作为婴幼儿和特殊人群营养食品，将从大米或米糠中提取蛋白质作为低过敏性蛋白源具有十分重要意义。

米糠中蛋白质的溶解性差，对米糠进行碱法和酶法处理，可明显改善其蛋白质的溶解性。米糠蛋白浓缩物在 pH 为 2.0、4.0、6.0、8.0、10.0 和 12.0 的条件下，其溶解度分别为 38%、5%、8%、58%、57% 和 60%；用木聚糖酶和植酸酶处理米糠获得的分离蛋白，在同样 pH 条件下，溶解度为 53%、8%、60%、78%、82% 和 80%。这可能是酶解脱除了与米糠蛋白结合的植酸、纤维素和其他成分，从而使蛋白质的亲水基团被释放，并在蛋白质卷曲时更多的亲水基团暴露在蛋白质分子表面，而疏水基团包埋在螺旋内部，降低其表面疏水性引起的。

4.1.1　米糠蛋白的组成

米糠中蛋白质的含量为 12%～16%（大米中为 7%），相当于禽蛋中的蛋白质含量。21 世纪初，Osbron 提出了按溶解特性对小麦蛋白进行分类的系统（连续提取方法），此方法同样适用于其他谷物蛋白。按 Osbron 的分类方法，米糠蛋白可分为如下四类：清蛋白（albumin），可溶于水的蛋白质，具热凝性，在化学组成上含色氨酸较多；球蛋白（globulin），去除清蛋白，可溶于稀盐的蛋白质，一般动物性的球蛋白加热凝固，又称优球蛋白，植物性的球蛋白加热不凝，又称拟球蛋白；醇溶蛋白（gliadin），去除清蛋白和球蛋白后，可溶于 70% 乙醇的蛋白质，这种蛋白质加热不凝，在组成上含脯氨酸和酰胺较多，非极性的侧链远比极性侧链多，主要存在于植物种子中；谷蛋白（glutenin），去除上述三种蛋白质后，可溶于稀酸或稀碱的蛋白质，具热凝性，仅存在于植物种子中。

米糠中清蛋白、球蛋白、醇蛋白、谷蛋白占米糠蛋白总量依次是 38%～41%、35%～38%、3.5%～4.7%、18%～22%；等电点依次是 pH 4.0、4.0、5.0、4.6；变性温度因采用的检测设备和材料不同，结果差别较大。浓缩蛋白、清蛋白、球蛋白、醇溶蛋白和谷蛋白的变性温度范围分别为 71.4～88.3℃、71.7～88.5℃、78.6～92.9℃、77.6～88.0℃、73.5～78.6℃，含二硫键多的球蛋白具有较高的热稳定性。

米糠浓缩蛋白、清蛋白、球蛋白、醇溶蛋白和谷蛋白的氨基酸组成及含量也存在差别。清蛋白和球蛋白中含有较高的天冬氨酸、谷氨酸、亮氨酸、赖氨酸和精氨酸，均在 6% 以上，且清蛋白具有相对较多的赖氨酸；醇溶蛋白和谷蛋白中的天冬氨酸、谷氨酸、缬氨酸和苯丙氨酸含量均较高，且醇溶蛋白中的亮氨酸含量达 11.9 g/(100 g 蛋白质)。米糠清蛋白和浓缩蛋白中的极性、中性氨基酸含量最低（15.1%），其他类型的氨基酸含量适中；米糠球蛋白含有较高的碱性氨基酸（22.0%），非极性氨基酸含量最少（40.0%）；醇溶蛋白含有最高的非极性氨基酸（43%）和最少的碱性氨基酸（10.6%）；谷蛋白中的酸性氨基酸含量最低（27.4%），其他类型的氨基酸含量适中。醇溶蛋白和谷蛋白中的含硫氨基酸的含量较高，酸性氨基酸（天门冬氨酸和甘氨酸）含量相对较少，这也许是导致其溶解性低的原因之一。

4.1.2　米糠蛋白的结构

对米蛋白的四种蛋白质组分进行的生化研究表明，清蛋白和球蛋白为代谢活性物质，在发芽早期可迅速启动进行生理作用，是由单链组成的低分子量蛋白质，其分子质量分别为 10～200 kDa 和 16～130 kDa；醇溶蛋白和谷蛋白为储藏蛋白，醇溶蛋白是由一条单肽链通过分子内二硫键连接而成的，其分子质量为 7～12.6 kDa，而后者是由多肽链彼此通过二硫键连接而成的大分子组成，其分子质量为 19～90 kDa，最高可达上百万。

有研究表明，大米蛋白在胚乳中主要以 PB-Ⅰ和 PB-Ⅱ两种蛋白体形式存在。PB-Ⅰ呈球形且具有明显的片层结构，颗粒致密，直径为 0.5～2 μm，有醇溶蛋白的沉积；而 PB-Ⅱ呈椭球形，无片层结构，颗粒直径约 4 μm，主要成分为谷蛋白和球蛋白。SDS-PAGE 分析显示，在 PB-Ⅱ中含有 22 kDa、37 kDa、38 kDa 的谷蛋白和 26 kDa 的球蛋白，因而认为 PB-Ⅱ是谷蛋白的储藏体。PB-Ⅰ中的蛋白质组分主要是 13 kDa 醇溶蛋白和 10 kDa、16 kDa 的球蛋白等，其中醇溶蛋白的含量占有绝对优势，PB-Ⅰ是醇溶蛋白的储藏体。

SDS-PAGE 凝胶电泳分析米糠分级蛋白的实验结果表明，清蛋白分子的亚基组成分子质量为 95.43 kDa、76.51 kDa、52.85 kDa；球蛋白的亚基组成分子质量为 103.12 kDa、76.51 kDa；醇蛋白的亚基组成分子质量为 14.00 kDa；谷蛋白的亚基组成分子质量为 52.35 kDa、36.29 kDa、20.00 kDa、14.00 kDa。通过还原与非还原电泳的对比，谷蛋白和醇溶蛋白的亚基没有变化，而清蛋白和球蛋白中大分子量的亚基条带减少，球蛋白减少的更为明显，可见，球蛋白中含有更多数目的二硫键，由此也说明了米糠球蛋白具有较低溶解性的一个原因。圆二色（CD）光谱二级结构分析米糠浓缩蛋白及各分级蛋白的二级结构的测定表明，米糠各蛋白产品以 β-折叠和无规卷曲为主，α-螺旋含量最少。傅里叶变换红外光谱（FT-IR）结果表明，清蛋白的二级结构中 α-螺旋含量为 19.29%，β-折叠含量为 34.54%，β-转角含量为 25.95%，无规卷曲含量为 20.23%；而球蛋白中 α-螺旋含量为 18.15%，β-折叠含量为 38.56%，β-转角含量为 23.69%，无规卷曲含量为 19.59%。拉曼光谱的分析结果显示，清蛋白含有 α-螺旋结构 29.54%，β-折叠结构 26.02%，β-转角结构 15.05%，无规卷曲结构 29.39%；球蛋白由 α-螺旋结构 26.25%，β-折叠结构 32.90%，β-转角结构 14.89% 和无规卷曲结构 25.96% 的无序结构组成。

　　凝胶层析和荧光发射光谱（色氨酸光谱）结果表明，不同品种的米糠蛋白在蛋白质聚集、蛋白质三级结构层面上差别不显著。但各蛋白质样品的显微结构存在较大差别。清蛋白的结构致密，表面凹凸；球蛋白呈现大理石纹路，结构较致密；醇溶蛋白呈现颗粒团块状，部分呈球形；谷蛋白呈现明显的片层结构；复合蛋白的结构较致密，表面较光滑。

4.2　米糠蛋白的加工性质（功能特性）

　　蛋白质结构与功能特性关系研究一直是蛋白质研究领域的一个热点问题，同时也是一个难题。在植物蛋白研究领域，报道较多的是大豆蛋白分子结构与功能特性的研究，植物蛋白的各种功能性彼此之间不是完全独立的，而是相互影响、相互联系。大量研究结果表明，蛋白质的溶解性是植物蛋白一个非常重要的功能特性，它限制蛋白质其他功能特性的发挥。蛋白质在特定条件下的溶解度受多种因素的影响，既有内部因素也有外部因素。内部因素包括蛋白质的分子结构、疏水性、亲水性以及带电性等；外部因素包括 pH、离子强度和离子对的种类、温度以及与其他食品成分的相互作用。这些因素是通过影响蛋白质-蛋白质和蛋白质-水的作用平衡来影响蛋白质的溶解性。蛋白质的加工过程或蛋白质的改性都会对蛋白质的溶解性有影响，另外，蛋白质的氨基酸组成也对其溶解性有影响。

　　蛋白质分子的亲水性/疏水性的平衡决定了蛋白质的溶解性，这种平衡与蛋白质分子的氨基酸组成直接相关，尤其与暴露于蛋白质分子表面的氨基酸组成关系密切。组成蛋白质的 20 种氨基酸各自带有不同性质的侧链基团，有些是极性的，很容易与水相互作用，或是形成氢键，或是融合于水环境中；另一些残基的侧链却是非极性的，不表现出和水或其他极性基团相互作用的能力和倾向，在水溶液中和在非极性环境中相比，显然是热力学上不利的。因此，这些侧链有与同类侧链相互接触的趋向，与此同时，将非极性侧链周围的结合水分子变成了游离水分子。疏水相互作用本质上是一种熵驱动的作用，尽管在疏水相互作用聚集时，色散力也起了一定作用，但是贡献却不显著。在蛋白质形成二级结构中，疏水相互作用不是至关重要的，但是在蛋白质三级结构的形成和稳定中，疏水相互作用在诸多因素中居于首位。具有较高溶解性的蛋白质其分子表面存在较少数量的疏水性残基，蛋白质的溶解性和疏水性呈负的相关性。Shigeru Hayakawa 研究发现，大豆蛋白的表面疏水性显著影响蛋白质其他功能特性。我们对米糠蛋白的表面疏水指数的测定结果表明，谷蛋白的疏水值与其他三种蛋白质相比是最高的，其次是球蛋白、清蛋白，醇溶蛋白的表面疏水值最低，谷蛋白有更多的疏水性氨基酸残基暴露于表面。疏水性与溶解性间并不存在一致的变化趋势。醇溶蛋白的表面巯基和总巯基的含量最低，其次是清蛋白，球蛋白和谷蛋白的巯基含量则较高。这与溶解性的测定结论不一致，即巯基含量不能决定蛋白质的溶解性大小。巯基含量与表面疏水性具有一定的相关性。

乳化特性包括蛋白质的乳化能力和乳化液的稳定性。牛血清蛋白是良好的乳化剂，一般用作评价乳化特性的标准。用碱法提取和用木聚糖酶与植酸酶提取的米糠蛋白的乳化特性无明显差别，其乳化能力和乳化稳定性均低于牛血清蛋白3～4 倍。表面疏水性是影响蛋白质乳化性的重要因素，米糠分离蛋白的疏水基少，使其与油脂的结合性比牛血清蛋白低。

蛋清蛋白具有良好的起泡性，常作为评价起泡性的标准。米糠分离蛋白的起泡性和泡沫稳定性为（18.9±1.04）mL 和（108±1.3）min，其起泡性与蛋清蛋白相近 [（20.5±0.3）mL]，泡沫稳定性略低于蛋清蛋白的（120±1.4）min。这表明起泡性和泡沫稳定性对蛋白质的分子结构要求并不一致。泡沫的形成是可溶性蛋白分布在液-气界面，并以一定的方式在界面处排列并强化，形成十分牢固的薄膜。而泡沫的稳定性是要求在气泡周围形成一层厚的、黏稠的、有弹性的膜。酶处理的米糠蛋白更易卷曲形成三级结构，使米糠蛋白中二级结构少，三级结构多，蛋白质起泡性好。米糠蛋白形成的泡沫不稳定可能是其不能在气泡周围形成黏稠、厚实和有弹性的膜，使气泡易破裂。

4.2.1　大米蛋白和米糠蛋白的特性比较

我们分别对大米蛋白和米糠蛋白的组成及功能特性进行了研究。两种分离蛋白必需氨基酸组成均符合 FAO/WHO 推荐模式，氨基酸种类齐全；米糠蛋白的体外消化率为 68.33%，大米蛋白为 56.86%；DSC 分析表明，两种分离蛋白的变性温度分别为 72.16℃和 61.03℃。随溶液 pH 的增大，两种分离蛋白的溶解性、起泡性、乳化性及乳化稳定性、持水性/持油性等逐渐增大，起泡稳定性则相反，蛋白质起泡稳定性在等电点处达到最大值；随溶液 NaCl 浓度的升高，两种分离蛋白各功能性质表现为先增大后减小的趋势，米糠蛋白各功能性质大约在离子浓度为 0.4 mol/L 时达到最大，大米蛋白在 0.2 mol/L 时达到最大；随溶液温度的上升，两种分离蛋白的溶解性、乳化性及乳化稳定性、起泡性、持油性等功能性质都呈现出先增大后减小的趋势，米糠蛋白和大米蛋白分别在变性温度 70℃和 60℃左右时达到最大，两种分离蛋白泡沫稳定性和持水性随温度的升高而降低。

对米糠分级蛋白组分样品的测定研究结果表明，只有米糠谷蛋白检测到了半胱氨酸；米糠分级蛋白的体外消化率依次为米糠清蛋白 79.46%、米糠球蛋白 77.34%、米糠醇溶蛋白 56.59%和米糠谷蛋白 66.67%；pH、NaCl 浓度和温度对米糠分级蛋白的影响与米糠分离蛋白基本一致，在等电点左右时拥有最低的溶解性，此时起泡性、乳化性及乳化稳定性、持水性/持油性均表现不佳，但泡沫稳定性达到最大；在较低离子浓度 0.2 mol/L 条件下，蛋白质各功能性质较优；在变性温度左右，蛋白溶解性、乳化性和起泡性达到最大。

对大米分级蛋白组分样品的测定研究结果表明，大米蛋白中谷蛋白含量较高，只有大米醇溶蛋白不含有半胱氨酸。大米分级蛋白的体外消化率依次是大米清蛋白 74.68%、大米球蛋白 67.78%、大米醇溶蛋白 59.62%和大米谷蛋白 61.33%。大米分级蛋白的变性温度依次是清蛋白 62.78℃、球蛋白 68.03℃、醇溶蛋白 65.55℃和谷蛋白 70.88℃。在远离等电点时，大米分级蛋白具有良好的持水性、溶解性、乳化性及乳化稳定性、起泡性；大米分级蛋白的持水性、溶解性和起泡性在 NaCl 浓度为 0~1.0 mol/L 内先增大后减小，过高的离子强度（NaCl 浓度高于 0.4~1.0 mol/L）会使大米各分级蛋白的乳化性和乳化稳定性下降；四种分级蛋白的持油性和起泡性在温度为 20~80℃呈现先增大后减小的趋势，持水性、溶解性、乳化性及乳化稳定性在 60℃左右时最好。

对米糠蛋白和大米蛋白的 4 种分级蛋白组分各功能性质的影响进行研究，结果显示清蛋白可以提高两种分离蛋白的溶解性、持水性；醇溶蛋白有助于两种分离蛋白乳化性及乳化稳定性和持油性的提高；谷蛋白可以提高两种分离蛋白的泡沫稳定性。

4.2.2 米糠蛋白功能特性的变化

环境的温度、pH、离子强度对米糠蛋白溶解性具有较大影响。米糠蛋白在 0~80℃范围内随着温度的增加，溶解性不断提高，80℃时溶解性可以达到 90%以上；离子强度的影响不显著，随着离子浓度的增大，溶解度下降不明显。经过风味蛋白酶和中性蛋白酶水解改性后的米糠蛋白，蛋白质溶解性明显提高，溶解性分别达到 86% 和 92%。王辰等利用光谱技术分析大豆分离蛋白二级结构对表面疏水性的影响，结果表明，表面疏水性与 α-螺旋含量呈现负相关，与 β-折叠及无规卷曲含量呈现正相关，与 β-转角含量线性关系不显著。

热变性米糠清蛋白形成了部分热聚集体，没有显著影响球蛋白的溶解性，但却增加了其表面疏水性。当加热温度低于米糠球蛋白的变性温度时，此条件下的热处理会降低球蛋白的表面疏水性，在高于球蛋白变性温度而低于 100℃时，米糠蛋白的表面疏水性随着温度的升高而增大，但当热处理温度增至 110℃，米糠蛋白表面疏水性会进一步降低。表面疏水性在 90～110℃ 的波动表明球蛋白变性使疏水基团暴露，并使米糠球蛋白原有结构发生破坏，进而导致米糠蛋白亚基解离和蛋白质之间相互作用增加。解离的米糠蛋白会在更强的蛋白质相互作用下通过疏水性氨基酸侧链的疏水作用相互聚集进而形成热聚集体。

热处理是米糠蛋白较常用的处理方法，但目前对此处理方法的研究多集中在以提高蛋白质得率为目标的提取工艺上，对于干热处理下米糠蛋白结构特征及功能性变化的研究较少。酸碱处理是食品加工中常用的手段，传统植物蛋白的提取利用碱溶酸沉的方法提取蛋白质。研究在不同 pH 条件下米糠蛋白的分子结构和功能性的变化及规律，可为今后碱溶酸沉法提取米糠蛋白产品的研究和生产提供理论基础。应用高强度超声改变生物大分子的特性被广泛研究，如使用超声水解淀粉，形成短链分子和还原糖。Chen 等利用超声波处理来增加蛋白质的水解速率。杨会丽等对大豆分离蛋白进行超声处理的研究发现，超声处理后蛋白质的溶解性、起泡性和乳化性显著提高。也有报道指出乳清蛋白和酪蛋白经 20 kHz 的超声处理后，降低了蛋白质的黏度，并且改善了凝胶特性。除了研究超声对蛋白质功能性质的影响外，也有学者对蛋白质结构进行了测定。Kresica 等报道，超声处理虽然没有改变乳清蛋白的巯基含量，但轻微地改变了其二级结构和表面疏水性。Krishnamurthy 等利用 PAGE 和体积排阻色谱法研究超声处理对溶菌酶亚基组成变化情况，发现蛋白质片段之间无差异，认为超声作用并没有引起一级结构的变化。已有研究证明超声能够显著改善蛋白质的功能特性，并且超声波技术具有作用时间短、操作简单易控制及能耗较低等优点。

用酶处理的米糠蛋白经过适度的水解和脱氨反应，获得了具有适度肽链长度和功能特性的蛋白质水解产物，提高了米糠蛋白的溶解性，改善了其他功能特性。我们用风味白酶（Flavourzyme）这种由外切蛋白酶和内切蛋白酶组成的混合酶处理米糠蛋白，pH 为 5.0、7.0、9.0 时水解产物的溶解度分别为 56%、73%、86%，蛋白质溶解性明显提高，酶水解物中含更多的可溶性大分子多肽和谷氨酰胺片段。另外，因蛋白质脱氨增加了水解物的极性，破坏了蛋白质的疏水键和氢键，提高了水解产物在中酸性溶液中（pH 为 5.0）的溶解性。获得的此种酶解米糠蛋白产品，其乳化特性有明显改善。虽在 pH 为 5 时，酶解米糠蛋白产品的乳化能力明显低于酪蛋白和牛血清蛋白；在 pH 为 7 时，三种蛋白质产品的乳化性很相似。在 pH 为 5 时，酶解米糠蛋白产品的乳化稳定性与酪蛋白相当，但是比牛血清蛋白要高；在 pH 为 7 时，乳化稳定性与酪蛋白一致，但比牛血清蛋白要低。这表明对蛋白质的适度水解和脱氨能够增加蛋白质的乳化能力和乳化稳定性。米糠蛋白在酶解条件下的溶解性和乳化性能的提高，扩大了其在食品中的应用范围，可用于饮料、涂抹酱、咖啡伴侣、花色蛋糕发泡装饰配料、夹心料、调味汁、卤汁、羹料、风味料、果脯蜜饯、焙烤制品、肉食品以及软饮料和果汁的营养强化剂等。另外，Flavourzyme 酶对蛋白质的脱氨作用不仅脱除了小分子肽的苦味，并且将谷氨酰胺转化为谷氨酸，因而对水解产物的风味产生特殊的效果。这种改性米糠蛋白不仅可以作为食品中的营养强化剂，还可以作为食品中的风味增强剂，用在肉制品、即食米饭、汤料、沙司、肉汁以及其他食品中。

以热处理、酸碱处理、压力处理、超声处理和生物酶制剂处理为手段，获得加工条件对米糠蛋白样品品质的影响规律，不仅局限于蛋白质提取率方面，更注重产品的化学组成、分子结构和功能性质的研究，可为今后具有不同功能特性米糠分离蛋白的研究和产品开发提供理论与技术支持。

4.3　加工条件对米糠蛋白的影响

4.3.1　温度处理

随着温度的增加，米糠清蛋白的溶解度在 25～70℃时逐渐降低，70～120℃时变化不显著；球蛋白在 25～100℃时溶解度保持相对平稳状态，100～120℃时溶解度逐渐降低。表面疏水性的研究表明，70℃和 110℃时清蛋白的表面疏水指数最高，120℃时疏水指数与没有经过热处理的清蛋白相同；球蛋白的疏水性在 70℃也较高，其后降低，在 100℃时又达到最高值，之后迅速下降。随处理温度升高，清蛋白的 Zeta（ζ）电位数值整体呈下降趋势，球蛋白则呈上升趋势。

随着温度的升高，清蛋白的高分子亚基含量减少，中、低分子量的亚基含量增加，90～100℃处理的亚基组成变化尤为明显；球蛋白则随着温度升高，中分子量的亚基含量不断增加。非还原电泳的实验结果表明，清蛋白和球蛋白在 90～110℃条件下处理时变化最为明显，所有亚基几乎全部都聚集到一条电泳条带。高效液相色谱的实验验证了电泳分析结果。

60℃时清蛋白的粒径较小，之后粒径逐渐增大，在 80℃和 110℃时达到最大值。天然清蛋白的粒径分布呈单峰分布，而加热清蛋白粒径呈现多峰分布，热处理造成平均粒径增加，加宽其分布范围；球蛋白则随着处理温度的升高，粒径逐渐变小。与清蛋白和加热球蛋白相比，天然球蛋白平均粒径较大。在 70℃和 80℃热处理下米糠球蛋白平均粒径增大了 150 μm，这是由于球蛋白亚基的解离及相伴的球蛋白部分变性引起的，这种亚基的解离导致在 70℃和 80℃热处理下球蛋白表面疏水性降低。球蛋白加热到 90℃后其平均粒径急剧下降，而后随着处理温度的升高其平均粒径减小程度逐渐减缓。这种球蛋白粒径降低的现象表明，加热诱导球蛋白变性加重蛋白质原有结构的破坏，并增强了蛋白质分子之间的相互作用，最终球蛋白以小粒径形式汇聚，这也是变性球蛋白的粒径分布峰变宽的原因。

对于热处理后米糠蛋白的结构及功能性变化进行的研究发现，90℃干热处理下米糠蛋白组分发生明显的热变性，米糠蛋白的 β-折叠结构含量有较大降低，并主要转变为无规卷曲结构和 β-转角结构。随着干热温度的提高，α-螺旋结构含量逐渐增高，无规卷曲结构和 β-转角结构含量并未表现出明显的线性变化趋势。干热处理下无序结构的增多促进了米糠蛋白的水合作用，使米糠蛋白溶解性增加，而随着温度升高至 100℃，米糠蛋白的溶解度有所降低；无序结构增多使米糠蛋白整体柔性增强，随着干热处理温度的升高，米糠蛋白的乳化性呈现先降低后增大的变化趋势，在 100℃干热处理下米糠蛋白乳化性有最大值 45.56 m²/g，而米糠蛋白的乳化稳定性也有所增加；米糠蛋白起泡性随干热处理温度的升高呈现先增大后降低的变化趋势，80℃时起泡性达到最大为 87.36%，米糠蛋白的泡沫稳定性随干热处理温度升高逐渐降低。

4.3.2 pH 处理

米糠蛋白在强酸及碱性范围内表现出良好的溶解性。米糠清蛋白 pH 在 4 附近的溶解性显著高于米糠球蛋白，而在碱性条件下两种蛋白质的溶解性差异并不显著。米糠清蛋白的表面疏水性随着 pH 的增加而增大；米糠球蛋白的表面疏水性明显高于米糠清蛋白，且在 pH 为 10 和 8.5 处表现出最大的表面疏水性值。米糠清蛋白及球蛋白分子的平均粒径均随着 pH 增加而逐渐降低，且米糠清蛋白分子平均粒径要高于米糠球蛋白。pH 在 7~11 的碱性条件下，清蛋白和球蛋白以负离子形式存在，且随着 pH 的增加，ζ 电位绝对值增加。

pH 在 6~11 的条件下，清蛋白亚基的组成没有明显变化，但含量有所差别，随着 pH 的增大，小分子量亚基的含量逐渐增多，高分子量的亚基减少；球蛋白亚基 pH 在 8~10 时，含量变化不显著，但 pH 在 11 时，高分子量亚基的含量明显增多，形成了可溶性蛋白质聚集体。

CD 光谱分析发现，米糠球蛋白随着 pH 的升高，α-螺旋结构的含量逐渐增大，β-折叠结构逐渐降低，而无规卷曲结构含量也有所增加，表明随着 pH 的增加米糠球蛋白的二级结构发生由 β-折叠结构向无序结构及 α-螺旋结构的转变；随着 pH

升高，米糠清蛋白中 α-螺旋结构的含量也逐渐增大，而 β-折叠结构则逐渐降低。蛋白质的表面疏水性和 α-螺旋结构呈正相关的关系，即米糠蛋白的 α-螺旋结构含量越高，其表面疏水值越大。傅里叶变换红外光谱分析表明，β-折叠为清蛋白和球蛋白的主要二级结构单元。拉曼光谱分析表明，球蛋白随着 pH 的增大，α-螺旋结构含量的变化趋势是增加，而 β-折叠、β-转角、无规卷曲结构含量降低；清蛋白随着 pH 升高，α-螺旋结构逐渐降低，而 β-折叠、β-转角、无规卷曲结构含量呈无规律变化。另外，米糠蛋白的二硫键主要为 t-g-t 构型，表现为在 550 cm^{-1} 附近有一明显正峰，其他构型均未表现出特征峰。pH 的变化并未引起米糠蛋白的二硫键构型变化。

4.3.3　压力处理

在加压情况下，各蛋白质样品的溶解性都会有所增加，但不同压力条件下，溶解度增加的程度和呈现的趋势不同。不同压力水平条件下，清蛋白和醇溶蛋白的溶解度变化不显著；谷蛋白的溶解度增加十分显著；球蛋白的变化趋势明显不同于其他三种蛋白质。对于压力下蛋白质粒径的变化，具有逐渐变小且均匀的趋势。表面疏水性的变化，清蛋白和球蛋白的变化趋势明显不同，清蛋白在压力条件下表面疏水指数增高，且在 300 MPa 条件下，表现出较大的疏水性指数值；球蛋白在压力条件下表面疏水指数降低，且在 300 MPa 及以上压力条件下，疏水性指数值下降不显著。

4.3.4　超声波处理

我们研究了超声处理时间对米糠蛋白（RBP）溶解性、起泡性、乳化性、表面疏水性、游离巯基和亚基组成的影响。结果表明，经过超声处理后的 RBP 的溶解性由 25.52% 增加到 79.23%～83.88%；超声处理 45 min 时，RBP 乳化性和起泡性比对照组分别提高了 82.28% 和 36.12%；超声处理 30 min 时，表面疏水性达到最大；随着超声时间的延长，游离巯基的含量呈先增加后减小的趋势。还原与非还原 SDS-PAGE 结果显示，不同超声时间对 RBP 的亚基组成无影响，说明适当的超声处理能够在不影响蛋白质一级结构的情况下改善 RBP 的理化功能特性。

在大豆蛋白功能和结构性质的研究中，比较了低频（20 kHz）在不同功率（150 W、300 W 或 150 W）和不同持续时间（12 min 或 24 min）下对蛋白质的影响，结果发现，在蛋白质亚基组成上无显著变化，利用圆二色光谱分析二级结构表明，超声处理后的样品 β-折叠结构比例降低，α-螺旋结构比例增加。此外荧光光谱显示，超声处理改变了大豆蛋白的三级结构。扫描电镜测定的微观结构表明，超声处理包含了更大的聚合结构。在中等功率超声处理 24 min 条件下，蛋白质颗粒变小、绝对电动电位增大，样品的表面疏水性和蛋白质溶解度显著增加。

4.3.5　酶解处理

考虑到米糠蛋白面临的提取率低、溶解性较差等困难，选取提取率较高而溶解度相对较差的米糠球蛋白和谷蛋白为目的蛋白开展研究。通过酶解的方式可显著提高蛋白质的溶解性，酶解后蛋白质的营养成分变化不大，在低酶浓度下就可产生显著效果。

用碱性蛋白酶对米糠球蛋白进行酶解，获得最佳酶解条件为：酶浓度 20 000 U/g，底物质量分数 4.4%，酶解 pH 8.2，酶解温度 52.1℃和酶解时间 2.2 h。在此条件下获得米糠球蛋白水解产物的溶出率高达 89.21%，比原米糠球蛋白的溶出率高出 64.35%。用碱性蛋白酶进行谷蛋白的酶解研究，以溶解度为评价指标，获得最佳酶解条件为：底物中米糠谷蛋白的质量分数 28.9%，酶解 pH 10.7，酶解温度 56.8℃和酶解时间 2.6 h。在此酶解条件下，谷蛋白溶出率为 35.4%，较原始米糠谷蛋白的溶出率提高了 113.85%。米糠球蛋白和米糠谷蛋白的乳化活性和乳化稳定性比未酶解前分别提高了 76.12%和 26.86%，起泡能力和起泡稳定性比未酶解前提高了 150%和 37.38%。

采用截留分子质量为 10 000 Da 和 3000 Da 超滤膜对碱性蛋白酶水解米糠蛋白的水解液进行分离，获得不同分子质量（MW）的米糠多肽混合物组分，以 6 种抗氧化活性指标对米糠多肽混合物组分的抗氧化活性进行评价。结果表明，米糠多肽的抗氧化活性与蛋白质分子质量大小密切相关。不同分子质量的米糠多肽抗氧化活性随多肽质量浓度的增加而增加。

4.4　米糠蛋白的提取工艺

米糠的成分复杂，米糠蛋白的提取非常困难，从 20 世纪 50 年代起，许多学者对提取米糠蛋白进行了研究。米糠蛋白的高聚合活性和蛋白质中含有的二硫键使米糠蛋白的溶解性较差，此外米糠蛋白中含有肌醇六磷酸和纤维与蛋白质聚合，使米糠蛋白的分离较困难。目前，提取米糠蛋白的方法主要有碱法提取、酶法提取和物理法提取。碱法具有提取率高、成本低、适合工业化生产等优点，但碱法提取时蛋白质暴露在强碱条件可能改变其营养特性，如半胱氨酸和丝氨酸残基转变成有毒性的赖氨酸和丙氨酸；另外，造成蛋白质变性和水解，增加美拉德反应的程度，使蛋白质的颜色变黑，造成蛋白质商用品质降低。使用较多的酶法提取，以蛋白酶为主，要保持米糠蛋白的良好营养性和功能性，需控制较低的水解度，而水解度低又往往没有高的提取率；并且蛋白酶将米糠蛋白水解，破坏了其完整的结构，造成米糠蛋白功能性质发生变化。超声、高速混匀和冻融等物理方法已用于提取米糠蛋白，物理处理不易引起米糠蛋白的变性，在蛋白质结构研究和食品加工中比碱法和酶法更适于应用。图 4.1 表示了不同原料处理方式对米糠蛋白提取率的影响关系。

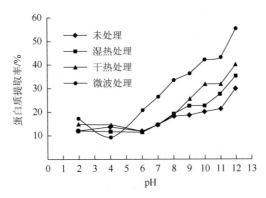

图 4.1　不同 pH 与米糠提取液中蛋白质含量的关系

　　米糠可溶性蛋白是指能被水、盐、醇和乙酸提取的蛋白质。不能被上述四种溶剂抽提的蛋白质称为残基蛋白。残基蛋白又分为碱（0.1 mol/L NaOH）溶性的和碱不溶性的残基蛋白，必须在强碱条件下米糠残基蛋白才能被提取出来。

4.4.1　碱法提取

　　传统的米糠蛋白的提取方法是采用碱法提取。由于米糠蛋白含有较多的二硫键，以及蛋白质与植酸、纤维素等聚集作用，米糠蛋白较难被普通溶剂（如盐、醇和弱酸等）提取出来。pH 是影响米糠蛋白溶解度的最重要因素之一。米糠蛋白的等电点 pH 为 4.6，当 pH<4 时，米糠蛋白溶解度只有小幅上升；当 pH>7 时，其溶解度可显著上升。高浓度的碱会破坏米糠蛋白中的氢键、酰胺键、二硫键，从而释放出更多的蛋白质。当 pH>12 时，90%以上的米糠蛋白可溶出。

　　早在 1966 年，Cagampang 等就采用碱法从米糠中提取蛋白质。1977 年 Betschart，以及 1995 年 Gnanasambandam 和 Hettiarachchy 采用同样的方法提取米糠蛋白。1977 年 Barber 和 De Barber 发现米糠蛋白较其他油料种子蛋白难提取，而且要获得较理想的蛋白质提取率，需要在高碱的条件下进行。1985 年，Julian 研究表明不同的碱提取条件会产生不同的蛋白质提取率。碱法提取虽然简单易行，但在碱液浓度过高的情况下，不仅影响产品风味和色泽，使蛋白提取物的颜色深暗，同时在碱性条件下会产生不利反应，并会改变蛋白质的营养特性。1989 Otterbwm 就曾报道过，在碱性条件下，蛋白质的半胱氨酸和丝氨酸残基会转变成脱水的丙氨酸，与赖氨酸结合形成赖-丙氨酸。在 1985 年，Cheftel 等曾报道赖-丙氨酸不但有毒而且还会引起营养物质的损失，丧失营养价值。Wooddard 和 Salunkhe C 研究还发现这种物质对小鼠的肾脏有破坏作用。

碱法米糠可溶性蛋白提取的一般工艺流程为:

$$
\begin{array}{c}
沉淀 \rightarrow 提取 \\
\uparrow \qquad \downarrow
\end{array}
$$

新鲜米糠 → 脱脂 → 提取 → 离心 → 上清液 → 酸沉 → 离心 → 水洗 → 调 pH 7～10
　　　　　→ 冷冻 → 干燥 → 可溶性蛋白

这种方法的操作过程是将脱脂米糠用质量分数 0.05%的 NaOH 溶液浸提,浸出液在 pH 4.5～5.0 时使其沉降,沉淀物用质量为其 25 倍的质量分数为 85%乙醇使其悬浊,在室温下搅拌 1 h,再用离心机析出不溶物,干燥后即成米糠蛋白产品。这种米糠蛋白中蛋白质质量分数可达 94%～99%(干基),蛋白质变性小,品质高,但蛋白质得率低(约为总蛋白的 40%)。也有采用质量浓度为 10%的 NaOH 溶液来处理脱除植酸钙的脱脂米糠,虽然可将米糠中蛋白质的出品率提高到 71%,但蛋白质产品的纯度低,蛋白质质量分数只有 75%～80%,且在强碱作用下会产生蛋白质变性和水解;增加美拉德反应,产生深色产品;增加了非蛋白质成分与蛋白质共沉物等许多副反应和有毒物质,分离效率低,产品质量降低。

4.4.2　酶法提取

目前在工厂里,植物蛋白的生产工艺中一般要求在高温条件下,避免使用过高的碱浓度(pH<9.5)。基于以上原因,近些年来采用酶法提取蛋白质的研究相当活跃。1995 年,Hamada 采用碱性蛋白酶分离米糠蛋白,蛋白质提取率随着其水解度的增加而增加,但是,蛋白质的功能和营养特性却随蛋白质水解度的增加而降低(一般<5%的水解度为最佳)。到 1997 年,Ansharullah 提出采用糖酶,破坏植物细胞壁来改善植物蛋白的提取率。1999 年,Hettiararachchy 将此法应用于米糠中,采用半纤维素酶和植酸酶联合使用,提取米糠蛋白,蛋白质收率可达 92%。国内对这方面的研究近几年有所兴起,报道分别采用蛋白酶、糖酶提取米糠蛋白,其蛋白质收率仅在 60%左右。国内还有采用两种或两种以上复合酶提取米糠蛋白的报道。酶法提取米糠蛋白反应条件温和,对蛋白质的破坏作用小,能更多地保留其营养价值。

由于碳水化合物水解酶(纤维素酶、果胶酶、半纤维素酶、胶质酶等)能分解束缚植物蛋白的木质素、纤维素、果胶以及细胞壁,有助于蛋白质的游离溶出,而被用于植物蛋白的提取。米糠中植酸和纤维素含量高,蛋白质不仅被木质素束缚,还易与小分子高极性的植酸阴离子紧密结合形成不溶性的植酸-蛋白质复合物,降低蛋白质的溶解度。米糠蛋白提取过程中,经常使用木聚糖酶水解木质素,形成短链木糖低聚糖，释放出被束缚的蛋白质；使用植酸酶水解植酸中的磷酸基团，降低其极性，增加蛋白质的溶解度和纯度。

将米糠混入 7 倍质量的软水中，调节混合液 pH 至 5.0，然后加植酸酶（400 U/g 米糠）和木聚糖酶（240 U/g 米糠），在 55℃下反应 2 h 后，调节 pH 至 10.0 使酶灭活，混合液离心 30 min，取上清液调 pH 至 4.0，再经离心 10 min，调节沉降物 pH 至 7.0，经干燥得米糠蛋白成品。产品中蛋白质质量分数为（92.0±1.65）%，产品得率为（74.6±4.1）%。

陈季旺采用高效凝胶过滤色谱（HPSEC）研究了米糠可溶性蛋白不同蛋白酶水解产物的分子质量分布范围。结果发现，胰蛋白酶和碱性蛋白酶水解产物的分子质量分布范围分别集中在 200～600 kDa 和 200～550 kDa，而中性蛋白酶、Flavourzyme 水解产物的分子质量分布范围主要集中在 7000～25 000 kDa 和 50 000 kDa 以上，胰酶、Protamax 水解产物的分子质量分布范围主要集中在 4000～30 000 kDa，胰蛋白酶和 Protamax 共同作用的水解产物的分子质量分布范围主要集中在 7500～25 000 kDa，胰蛋白酶和 Flavourzyme 共同作用的水解产物的分子质量分布范围主要集中在 2000～50 000 kDa。

米糠蛋白由于外部二硫键的联结和聚集，水溶性差，阻碍了其在食品中的应用。蛋白酶可使米糠蛋白的回收率从 60%提高到 93%，并获得不同肽链长度范围的蛋白质水解产物。对于获得具有最佳功能性和营养性的蛋白质，希望蛋白质水解程度要低（5%～10%）。Flavourzyme 酶制剂经常被用于含苦味的蛋白质低度水解（10%～20%）脱苦和高度水解（50%以上）增加风味的操作中。这种酶是由外切蛋白酶和内切蛋白酶组成的混合物，内切酶首先将蛋白质分解为多肽复合物，然后进一步被外切酶水解成氨基酸等小分子化合物。许多苦味物质是由小分子肽产生的，而 Flavourzyme 酶可以进一步清除这些苦味肽，因而使蛋白质水解产物的功能性和风味性增强。Hamada 等用该种酶处理米糠蛋白，水解产物中脱氨率约为 5.5%，米糠蛋白的水解度约为 8.8%，可溶性蛋白质回收率达 87.7%，并明显改善了米糠蛋白的风味和蛋白质起泡性、溶解性、乳化性等功能特性。

4.4.3　分级蛋白的提取

对于米糠蛋白的分级提取大都是根据 Osborne 提出的，以溶解特性为基本原理进行分级提取四种蛋白质组分，其操作流程如图 4.2 所示。2009 年，Abayomi 等通过三种不同的米糠蛋白分离方法进行比较，并通过测定蛋白质产量，采用 SDS-PAGE、分子筛色谱法以及差式扫描量热法等对分离蛋白进行鉴定。通过实验确定采用盐析、等电点和丙酮沉淀的方法可以较好地从脱脂米糠中分离提纯到四种米糠蛋白。目前，人们尚未找到一种具有较高分离效率，而又经济适用，可以大批量分离纯化米糠蛋白的方法。此外，所有这些研究大多关注于蛋白质的提取率,对于分离出的蛋白质分子组成、结构方面的变化涉及很少。

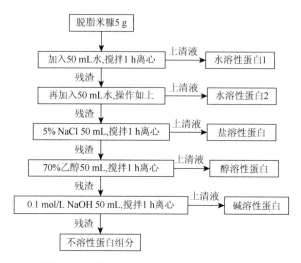

图4.2 米糠不同组分蛋白质提取工艺流程

我们以蛋白质的提取率和纯度为指标,比较了两种米糠分级蛋白提取方法对蛋白质溶解度、分子结构和功能特征等的影响,包括蛋白质样品的组成成分、亚基构成,热力学特性,蛋白质表面疏水性,蛋白质二级分子结构分析和溶解性、乳化性、起泡性、吸水/吸油性等指标。确定4种米糠分级蛋白的提取工艺条件为,室温下,将新鲜米糠用正己烷采用间歇方式进行脱脂。脱脂米糠与0.4 mol/L NaCl溶液按1∶5(质量体积比)的料液比混合,磁力搅拌1 h,4500 r/min离心15 min,收集上清液,在4℃下蒸馏水透析48 h后离心,上清液为清蛋白,沉淀为球蛋白,冷冻干燥;将提取后的残渣加入80%乙醇溶液,按上述方法提取,将所得醇溶蛋白提取液在45℃下旋转蒸发除去乙醇,所得醇溶蛋白浓缩液经正己烷萃取后冷冻干燥;将醇溶蛋白提取后的残渣加入0.03mol/L NaOH溶液提取,提取液调pH至4.8,沉降1 h后离心,将沉淀调pH至7后冷冻干燥,即为谷蛋白。最终获得各项性能参数均较优的米糠清蛋白、米糠球蛋白、米糠醇溶蛋白和米糠谷蛋白等米糠分级蛋白产品。

不同方法提取的米糠分级蛋白均以β-折叠和无规卷曲为主;盐析方法对米糠清蛋白和球蛋白的二级结构产生了影响。此外,盐析法所得清蛋白和球蛋白中含有相对较少的氢键,蛋白质分子柔性大,从而使清蛋白的溶解度显著增加。不同方法提取的醇溶蛋白和谷蛋白的结构差异甚微。

按照实验确定的方法对三个不同品种的米糠进行分级蛋白的提取(蛋白质含量分别为18.36%、17.52%、17.98%),米糠清蛋白的提取率最高(39.2%、40.4%、38.8%),其次是米糠球蛋白(36.6%、37.4%、35.1)、米糠谷蛋白(19.9%、18.3%、

21.6%），米糠醇溶蛋白的含量最少（4.3%、3.9%、4.5%）。米糠醇溶蛋白的纯度最高为 80%左右，清蛋白为 72%左右，谷蛋白为 66%左右，球蛋白的纯度为 69%左右。三个品种 4 种米糠分级蛋白的功能性质对比评价表明，清蛋白的溶解度最高，球蛋白、醇溶蛋白次之，谷蛋白的溶解性最低；清蛋白的持水性最大，醇蛋白的乳化性最低，清蛋白在等电点处的起泡性最差。

比较碱法、胶体磨辅助碱法、超声辅助碱法、胶体磨超声辅助碱法对米糠蛋白提取率及纯度的影响，结果表明，胶体磨超声辅助碱法能够显著提高米糠蛋白的提取率，其纯度为 74.27%。胶体磨超声提取米糠蛋白的最佳工艺为：米糠粒径 40 目、pH 为 9.0、超声功率 69 W、工作时间 4 s、间歇时间 2 s、液料比 20∶1(mL/g)、超声时间 40 min、超声温度 46℃，此条件下米糠蛋白的提取率可达 90.84%。

4.5 米糠蛋白肽的研究

过去对蛋白质水解强调制备氨基酸，但现代研究表明，小肽分子比游离的氨基酸更容易被人体肠道吸收和利用。食物中蛋白质消化吸收实际上也是被消化道蛋白酶水解成小肽后，利用肠黏膜纹状边缘存在的肽载体主动转运机理来完成的。20 世纪初，科学家开始关注一类由氨基酸组成、比蛋白质小、结构简单、生理活性强的物质。它们与蛋白质没有本质的区别，但又不同于蛋白质，于是把这类物质称为"肽"或"多肽"。肽是涉及生物体内各种细胞功能的生物活性物质，具有调节多种人体代谢和生理功能的作用，易消化吸收，有促进免疫、激素调节、抗菌、抗病毒、降血压、降血脂等作用，食用安全性高，是当前国际食品界最热门的研究课题和极具发展前景的功能因子。在其后的研究中，把其中的一部分功能明确，调节生物生理功能的多肽称为生物抗氧化肽或功能肽。功能肽由氨基酸构成，活性高，极微量使用即能发挥作用，它们在人体内被利用后迅速地被代谢，最终变为氨基酸或水，无残留，无副作用。科学家很早就想将它们应用到人们的日常饮食中，作为营养补充剂和功能因子，影响或改善人们的营养代谢、神经系统调节等。

近十多年来，国内外对生物活性肽进行了大量的基础和应用研究。国外已有多肽药物和营养产品推向市场，市场前景极为可观。很多研究表明，活性肽是以非活性状态存在于蛋白质长链中，当采用适当的方法水解得到这些低肽时，其活性就释放出来。许多活性肽具有原蛋白质或其组成氨基酸所没有的功能，它们与机体的各种功能调节、疾病的发生以及免疫、内分泌、衰老、代谢等有着非常密切的关系，在生命活动中起着非常重要的作用，可广泛用作药物、疫苗和食品营养制剂等。

活性肽来源于动植物和微生物，具有广泛的生理调节功能。我国有丰富的蛋白质资源，特别是我国的农副产品下脚料中蛋白质数量大，利用价值低，具有巨大的开发前景。目前，在植物蛋白原料中，玉米、豆类、米糠等蛋白质多肽的研究均有报道，特别是具有降血压活性的 ACE 抑制肽已成为生物活性肽研究领域的热点之一。在一定的条件下将大米蛋白、玉米蛋白、小麦蛋白等酶解，可能获得具有降血压和增强免疫功能的活性肽，这种活性肽可作为 ACE 抑制剂。ACE 即血管紧张素转换酶（Angiotensin Converting Enzyme，EC3.4.15.1），ACE 在肾-血管紧张素系统中对调节血压起重要作用。通过去除血管紧张素 IC 末端 His-Leu 生成有血管收缩活性的血管紧张素 II，同时使具有舒缓血管作用的舒缓激肽失活，从而引起血压升高。ACE 的抑制剂能通过抑制 ACE 的活性而起到降压作用。Captopril 是人工合成的第一种口服有效的 ACE 抑制剂，在治疗高血压和先天性心衰竭方面具有重要作用。然而，这类合成药物作用时间不长，停药后会使血压反弹，且经肾脏排出易损害肾功能，有一定的副作用。因此，人们倾向于从天然食品中寻找新的 ACE 抑制剂，如从大米蛋白水解物中制备降血压肽。米糠作为大米加工的副产品，其蛋白质含量几乎高出普通精米的 1 倍，是理想的制备活性肽的原料。

4.5.1　米糠蛋白肽的生产

传统方式生成多肽，其分子量无法控制，功能性难以体现，生产的多肽有苦味，这种多肽不但没有保健作用，而且有副作用。酶法生产的多肽具有较强的活性和多样性，有些已实现工业化生产，用于药品和保健品，其功效卓著。何欢曾报道米糠生物活性肽工艺流程为：

脱脂米糠→粉碎→烘干→碱溶→酸沉→蛋白质变性处理→酶水解→灭酶
→精制→浓缩干燥→米糠活性肽

脱脂米糠饼用粉碎机粉碎成粉末，过筛后用电热烘干箱干燥，干燥时间为 15 min，最终水分≤8%。先将脱脂米糠粕加入 15 倍的蒸馏水中，用 20%的氢氧化钠调 pH 为 9.0 左右，置于 35℃水浴锅中水浴 4 h，然后以 2800 r/min 的速度离心分离 20 min，除去下层渣，留上层清液。用 1 mol/L 的盐酸将上层清液 pH 调为 4.5 左右，室温静置 50 min，经 4000 r/min 离心 15 min 后弃去上清液得乳白色蛋白质沉淀，将蛋白质沉淀用去离子水清洗。将所得蛋白质沉淀溶于 19 倍水中，加入一定量的亚硫酸钠，调 pH 为 7.0 左右，100℃条件下加热 30 min。其后，将上述溶液降温至 40℃，然后放入酶水解设备中，加入蛋白质质量分数为 2%的中性蛋白酶，酶活性为 50 000 U/g，搅拌酶水解 3 h 后停止酶解。在水解液中加入盐酸，调节 pH 为 3.0 左右，使酶失活，以 2000 r/min 的速度离心 10 min，在上层清液中加入 5%的活性炭，40℃条件下处理 2 h，达到吸附平衡后，过滤除去活性炭。将一定体积的蛋白质水解液以每小时 10 倍柱体积的流速通过 H^+ 型阳离子交换树脂脱 Na^+，直至流出液 pH 达 4.0 左右。以同样速度将脱钠后的水解液通过 OH^- 型阴离子交换树脂，直至流出液呈弱酸性。将上述清液放入真空浓缩干燥器中进行真空浓缩干燥，干燥至水分≤8%。包装制得成品。

4.5.2　米糠抗氧化肽

国内外对生物抗氧化肽进行了大量的基础和应用研究，国外已有多肽药物和营养产品推向市场，我国对生物抗氧化肽的研究主要集中在天然多肽分离纯化方面。

我们做过相关的研究，以米糠蛋白为原料，以水解度和 DPPH 自由基清除率为指标，通过比较五种不同的蛋白酶（Alcalase 蛋白酶、中性蛋白酶 Protex6L、酸性蛋白酶、复合蛋白酶 M0127、木瓜蛋白酶）对米糠蛋白的水解效果，筛选出最适合制备米糠蛋白肽的蛋白酶；进一步对蛋白酶的加酶量、底物浓度、温度、pH、水解时间等因素影响米糠蛋白的酶解效果进行研究，采用响应曲面实验优化确定了米糠抗氧化蛋白肽的制备工艺。研究结果表明，以 Alcalase 碱性蛋白酶为酶制剂，在加酶量为 13 900～14 000 U/g，底物浓度为 4.90%～5.00%，温度为 50℃，pH 为 9.0，水解时间为 3.0～3.10 h 的条件下，获得水解度达到（24.75±0.46）%，DPPH 自由基清除率达（66.87±0.23）%的米糠蛋白肽产品。

对酶解产物采用大孔树脂、超滤分离纯化制备米糠蛋白肽，利用 SDS-PAGE 电泳、Superdex-75 凝胶层析确定米糠蛋白肽的分子质量组成，并对各分离组分采用羟自由基（HO·）清除法、超氧自由基（O_2^-·）清除法、硫代巴比妥酸反应物法、DPPH 自由基清除法、铁离子还原能力法、ABTS 自由基清除法、Fe^{3+} 螯合能力法进行活性肽的抗氧化性研究，结果表明，随着不同分子质量的米糠蛋白肽的质量浓度增加，抗氧化活性都有相应程度的增加。高分子质量的米糠蛋白肽（MW＞10 kDa）在高质量浓度（浓度 9.6 mg/mL）的条件下对羟自由基的清除能力最强，属于活性氧自由基清除能力的抗氧化机理；MW＜3 kDa 的米糠蛋白肽在高质量浓度（浓度 9.6 mg/mL）的条件下对超氧阴离子自由基的清除能力、DPPH 的清除能力、ABTS 自由基清除能力、铁离子还原能力最强，对丙二醛（MDA）的抑制作用最强，属于电子转移（SET）的抗氧化机理；质量浓度在 9.6 mg/mL 时，MW 为 3～10 kDa 的米糠蛋白肽对 Fe^{3+} 螯合能力最强，属于金属离子螯合能力的抗氧化机理。在米糠蛋白肽应用过程中，可根据实际应用，选择具有最佳效果的相应质量浓度及分子质量组成的米糠蛋白肽产品。

对米糠蛋白和米糠蛋白肽的氨基酸组成进行测定分析，结果表明，米糠蛋白和不同分子质量米糠蛋白肽中均含有人体所需的所有必需氨基酸和儿童所需的精氨酸和组氨酸；米糠蛋白和不同分子质量的米糠蛋白肽的氨基酸含量差别很大。氨基酸的组成与米糠蛋白肽的抗氧化活性存在一定的相关性。组分中芳香族氨基酸、疏水性氨基酸、支链氨基酸、组氨酸、半胱氨酸等的含量和组成影响米糠蛋白肽的抗氧化活性。

4.5.3　其他米糠活性肽

与具有相同氨基酸组成的蛋白质相比，蛋白酶解物中的多肽具有许多独特的理化特性与生物学活性。目前，从蛋白质中已分离出多种纯化的生物抗氧化肽，如降血压肽、降胆固醇肽、抗氧化肽、免疫调节肽、高值寡肽、风味肽等，它们在生命活动中起着非常重要的作用。近几年来，功能食品的发展已形成相当大的规模，而且还将继续成为食品工业的增长点。经大量研究发现，与蛋白质以及氨基酸相比，肽具有很多优越性，如良好的营养特性、较好的加工特性以及更强的生理活性等。

多肽作为生物体内的重要组成部分之一，在体内各脏器有许多复杂而特殊的生理活性。研究和挖掘多肽尤其是人工合成的小分子多肽与体内各种脏器的特殊生理作用，可以提供许多预防和治疗人类疾病的有效方法。以米糠蛋白为原料进行多功能活性肽的开发研究较为活跃，除已研究发现的多种具有应用价值的活性肽之外，对于其他植物蛋白已开发出的多种活性肽也是今后米糠蛋白水解肽的研究开发方向。

1. 降血压肽

食物蛋白质中的降血压肽通常是由蛋白质在比较温和的条件下水解，再经一系列的分离纯化获得的产品，食用安全性高，而且它们共同的特点是对高血压患者可以起到降压作用，而对正常血压则无降压作用。日本东京大学副教授吉川正明从米糠蛋白的酶解物中，获得了具有降血压或增强免疫功能的活性肽，使米糠蛋白得到更有效的利用。国内专家吴建平教授提出以碱法提取米糠蛋白，然后用生物技术生产降血压肽的途径。

利用米糠蛋白为原料经胃蛋白酶水解后，色谱分离纯化获得了一级结构为 Ile-Ala-Pro-Asn-Tyr、Val-Ala-Pro-Ala-Gly-Thr-Tyr-Phe、Glu-Glu-Cys-Pro-Cys-Ala-Asn-Cys-Cys-Gly-Gly 等三种降血压肽。Yoshiyukis 等用酶解处理黄酒加工的副产物酒糟，分离获得了九种 ACE（血管紧张素转换酶）抑制活性的肽。其中 Arg-Tyr 与 Ile-Tyr-Pro-Arg-Tyr 以 109 mg/kg 剂量饲喂 SHR 老鼠 30 h 后仍有降压效果。多肽对 ACE 活性的抑制作用与多肽的结构有关，目前一部分人的研究认为 C 末端是 Pro、Phe、Tyr 或序列中含有疏水氨基酸是维持高活性所必需的，二肽的 N 末端为芳香氨基酸与 ACE 的结合是最有效的。但 Matsui 等水解沙丁鱼得到的降血压肽主要由酸性氨基酸组成，疏水氨基酸含量很低。因此，降血压肽氨基酸序列结构与 ACE 活性抑制作用的关系仍有待深入研究。

2. 阿片样活性肽

M Takahashi 等采用胰蛋白酶处理大米可溶性蛋白，获得一种类阿片样拮抗活性的寡肽，称为 Oryzatensin，一级结构为 Gly-Tyr-Pro-Met-Tyr-Pro-Leu-Arg（GYPM-YPLPR）。类阿片拮抗肽主要来源于清蛋白，Oryzatensin 具有引起回肠收缩、抗吗啡和免疫调节作用，且主要是通过激活磷脂酶水解溶血磷脂酸释放花生四烯酸来引起收缩的。在其浓度较低（0.3 μmol/L）时只能引起回肠缓慢收缩，浓度较高（5 μmol/L）时，则引起回肠的快速收缩后跟随着缓慢收缩。

Shinichi 等通过色谱分离小麦谷蛋白的酶解物，获得了四种阿片样活性肽，分别命名为 A_5、A_4、B_5、B_4，其一级结构为 Gly-Tyr-Tyr-Pro-Thr、Gly-Tyr-Tyr-Pro、Tyr-Gly-Gly-Trp-Leu、Tyr-Gly-Gly-Trp。它们具有较高的活性是因为其 N 末端具有独特的甘氨酸（Gly）结构。此后在上述酶解物中发现了一种新的阿片样肽，称为外啡肽 C，一级结构为 Tyr-Pro-Ile-Ser-Leu。同时发现外啡肽 C 具有与其他外源和内源阿片肽不同的组成，N 末端 Tyr 为唯一的芳香族氨基酸。结构和活性关系的研究表明，肽序列 Tyr-Pro-X-Ser-Leu 中 X 为芳香族氨基酸或脂肪族氨基酸时，其具有明显阿片样活性。

3. 免疫调节肽

Oryzatensin 是一种多功能肽，既具有类阿片样拮抗活性，又具有免疫调节活性。浓度为 1 μmol/L 时，Oryzatensin 吞噬作用明显，吞噬指数为控制值的 1.5 倍。此外，Oryzatensin 也刺激了白细胞周围超氧化离子的产生。

Morita 等曾对大米分离蛋白（RPI）的这些功能进行了系统研究，以二甲基苯并蒽（DMBA）诱导雌性鼠乳腺癌变，结果发现，RPI 具有较显著的降低血清胆固醇的作用和抵抗 DMBA 诱导癌变作用。另外，以 RPI 和酪蛋白饲喂小鼠的对比实验中发现，RPI 能显著降低血清中胆固醇、磷脂和甘油浓度，饲喂 RPI 鼠的肝质量也低于饲喂酪蛋白实验组。从米糠中提取 RPI 也同样表现出对 DMBA 诱导雌性鼠乳腺癌变和链脲佐菌素（streptozotocin，STZ）诱发糖尿病抵抗作用。用色质联用仪对 RPI 成分分析表明，RPI 是结合蛋白，在 RPI 中除氨基酸外，还有三烯醇、阿魏酸等成分存在，米蛋白的特殊生理作用可能与这些非氨基酸成分存在具有密切关系。

4. 风味肽和高 F 值寡肽

米蛋白水解还可产生某些风味肽，当酶解产物与糊精混合经喷雾干燥即得到市售食品风味改良剂。Hamada 用蛋白酶（alalase）处理米糠，使其 7.6%的肽键水解，在所有几种肽碎片中，前四种肽中谷氨酸和天冬氨酸为总氨基酸的 57%，这些肽进一步脱氨基后，是一种极好的风味增强剂。

在氨基酸混合物中，支链氨基酸与芳香族氨基酸的含量之比称为 F 值（Fischer ratio）。高 F 值寡肽具有辅助治疗肝性脑病、改善手术后和卧床病人的蛋白质营养状况、抗疲劳等特殊功效。王梅通过酶解玉米蛋白粉，再经色谱分离和反渗透技术浓缩后，获得了具有高 F 值的寡肽混合物。

5. 减肥和降低胆固醇活性肽

T Yasuyuki 等采用基因位点诱变技术和酶解技术，从大豆球蛋白的酶解物中获得了多种具有减肥和降低胆固醇作用的生物活性肽。例如，LPYPR 是一种降低胆固醇活性肽，位于球蛋白 $A_5A_4B_3$ 单元，通过基因位点诱变技术引入到球蛋白源 $A_{1a}B_{1b}$ 单元的特定位置，诱变后的球蛋白经大肠杆菌表达后重新恢复为不可溶性片段。胰蛋白酶和胰凝乳蛋白酶水解这种球蛋白源可放出 VPDPR，是一种更明显减肥和降低胆固醇效果的活性肽。

6. Gln 活性肽

条件必需氨基酸（CEAA）是指某些病理状态下，对某种非必需氨基酸的需要量超过该氨基酸的合成量的氨基酸。目前人们普遍认为 Gln 是一种条件必需氨基酸。任国谱对玉米黄粉的酶解物研究发现，有六个组分具有 Gln 活性肽的功能，并对其中一个活性最强组分的一级结构进行了鉴定，确定为 Asn-Gln-Leu。

功能食品的开发以及研究关键在于功能食品因子，即基料的鉴定、分离以及重组，到目前为止，几大类功能食品基料包括低聚糖、活性蛋白质以及多肽、多酚合物、功能性油脂等。其中，多肽领域的研究以及开发一直引人注目。现在已有多种生物活性肽，如降血压肽、促进钙质吸收肽已获得了工业化生产。虽然从多种传统的发酵食品或加工食品中发现了生物活性肽，但大多数活性肽是从体外的酶解物中发现的，这些活性肽是否也存在于人体内有待进一步研究，对人体生理功能影响的原因报道也较少。随着研究的进一步深入，重组 DNA 技术的更加成熟，特别是对人体生理机能的影响明确以后，利用植物蛋白开发生物活性肽，作为膳食或药物将会有广阔的前景。多肽是一种非常有前途的功能性食品原料，在食品工业中具有十分广泛的用途和广阔的开发应用前景。利用各种蛋白质资源获得的各种抗氧化肽的多种生理功能的发现，为人类对食物资源深层次开发利用提供又一契机，将对人类健康事业做出巨大贡献。

第 5 章　米糠多糖及膳食纤维的加工

米糠多糖是一类结构复杂的杂聚多糖，主要有脂多糖、阿拉伯木聚糖和葡聚糖等。目前，日本、美国、加拿大、澳大利亚等国也开始重视米糠多糖的研究与产品开发。米糠多糖不仅具有一般活性多糖的生理功能，而且还具有较强的提高血清肿瘤坏死因子水平、增强机体免疫功能及降血糖、降血压、降胆固醇等防治老年心血管疾病的功能。目前，米糠多糖大多数采用一定温度的水或稀碱溶液作溶剂来提取，由于米糠多糖存在于植物组织的细胞结构中，不容易溶出，所以提取率较低。一些新的提取技术，如超细微化技术、微波、高温（高压）、超高压等技术也被用于米糠多糖的提取中，以提高米糠多糖产品的提取率。但由于米糠多糖与蛋白质等多以复合态形式结合，上述方法难以破坏这些结合键，因此米糠多糖得率提高并不明显。

在米糠多糖的应用方面，日本起步较早，现在已经有米糠多糖和真菌多糖相混合的保健食品。近年来，我国也十分重视对米糠多糖的研究。俞兰苓等比较了米糠多糖的不同提取工艺，得出酶法提取米糠多糖得率为 1.8%，高于其他提取方式的得率；许琳等采用微波辅助提取多糖，所得多糖提取液经乙醇沉淀后，提取率达到 2.4%；钱丽丽等采用微波辅助提取米糠多糖，提取率可达 2.36%，并发现含 1.00%米糠多糖的保鲜液对韭菜有很好的保鲜作用；胡忠泽等发现米糠多糖对糖尿病小鼠有很好的降血糖作用。

联合国粮食及农业组织（FAD）颁布的膳食纤维指导大纲中，强调高纤维食品是治疗便秘、糖尿病、减肥以及预防肠肿瘤的必需品。美国最早成立了膳食纤维协会（USDA），20 世纪 70 年代以大豆纤维、小麦纤维为代表的天然植物纤维提取技术在美国依次取得成功。80 年代初，在成功获取一种新型天然聚合、多功能膳食纤维-聚葡萄糖的加工方法后，依托现代高技术手段，美国研制成功了“金谷纤维王”等产品。日本的养乐多公司、雪印公司等，从 1986 年起就陆续推出富含膳食纤维的饮料及酸奶产品，颇受欢迎，如大众制药公司用聚葡萄糖制造的纤维素饮品 MINI FIBER。目前日本已有近 20 家知名食品公司专业化生产膳食纤维食品。

米糠膳食纤维是一种优质的谷物膳食纤维，米糠中的半纤维素和纤维素分别占米糠的 8.7%～11.4%和 9.6%～12.8%。营养学家认为，膳食纤维能够平衡人体营养和调节机体功能，增加膳食纤维的摄入量，可以减少高血脂、肥胖症、脂肪肝等现代疾病的发生。国外对米糠纤维的研究起步较早，美国 Rice-XTM 公司和利普曼公司已有多款米糠纤维产品，我国近年来也开始对米糠膳食纤维的提取及应用进行研究。许晖等采用 α-淀粉酶与糖化酶混合作用制备米糠膳食纤维，酸性洗涤纤维含量达 68.54%；王妍等利用纤维素酶对高湿挤压米糠渣中可溶性膳食纤维进行提取，纤维素产量可达 24.14%；葛毅强等研制了米糠膳食纤维饼干；蓝海军等研究将米糠膳食纤维添加到熏煮香肠中替代部分脂肪，结果表明膳食纤维的添加量为 9%时，香肠的质构和口感较好；王炜华等研究米糠膳食纤维强化大米的质构性，当膳食纤维添加量为 4%时，产品炊饭后的质构特性与早籼米最为接近。

5.1　米糠多糖的形态与结构

米糠多糖存在于稻谷颖果皮层里，是目前尚未被深入开发和广泛应用的主要营养成分之一。20 世纪 80 年代，日本学者发现米糠中含有抗肿瘤成分，其化学成分是一种活性多糖，自此米糠多糖引起了人们的兴趣。20 世纪 90 年代初，米糠多糖在日本就已投入工业化生产，第一年产量就达 60 t，后来逐年增加，产品主要用于添加到苹果汁、浓缩葡萄汁、咖啡等饮料以及冰淇淋和汤类等食品中。美国不少公司已研制出一系列含米糠多糖的焙烤食品，在市场上颇受欢迎。

米糠中无氮浸出物占 33%～56%，主要为淀粉、纤维素和半纤维素。其中，一部分半纤维素构成了水溶性米糠多糖。水溶性米糠多糖与一般均聚糖不同，是一种结构复杂的杂聚糖，由木糖、甘露糖、鼠李糖、半乳糖、阿拉伯糖和葡萄糖等组成。

米糠多糖的生理活性与其空间结构、分子量、分支度以及溶解度有关。Y Tanigami 等研究发现，米糠多糖保持生理活性的最低分子量不低于 1×10^4。采用挤压酶解及超声波破碎等方法降低多糖分子量时，其分子黏度也降低，但水溶性得到了提高，从而获得临床上可以应用的活性多糖的分子片段。Yamagishi 等采用饱和硫酸铵沉淀法分离得到一种米糠糖蛋白，蛋白质含量高于 50%，但只是从化学结构的角度分析了该米糠糖蛋白的蛋白质与多糖部分可能是通过 L-阿拉伯糖与羟脯氨酸连接，未见其对分子量及其他结构特点进行描述与分析，也未对其做生物活性方面的研究。也有研究表明，米糠多糖是一种不同于淀粉的多糖，主要由 α-1，6 糖苷键连接的葡萄糖构成，包括 RBSp、RBS30、RBS60 和 RBS8 4 个组分，它们与碘反应均不显蓝色，与蒽酮试剂均呈阳性反应。在不同溶剂中米糠多糖的旋光度不同，以水和甲酰胺为溶剂测定，RBS30 的比旋光度 $[\alpha]_D^{20}$ 分别为+144.0°、+86.8°；RBS60 的比旋光度 $[\alpha]_D^{20}$ 分别为+107.5°、+111.8°。采用不同的提取工艺可以得到不同种类的米糠多糖，如 RBS、RBF-P、RBF-PM、MDP、RON、MGEN-3 等，它们均是一类 α-葡聚糖。

综观国内外研究现状可以看出，米糠中多糖的种类是比较多的，不同的科研工作者所获得的米糠多糖类型及所研究的生物活性的角度也不尽相同,对于米糠多糖的免疫活性也缺乏系统研究。总的来说,由于多糖有着种类繁多的结构,而且人类对于多糖参与生命活动微观作用的认识远少于对蛋白质和核酸的了解,同大部分多糖一样,人们对米糠多糖的结构及其活性机理的深入研究还有待于科研工作者的继续努力。

5.2　米糠多糖的生理作用

国内外研究表明,米糠多糖采用不同的提取工艺可以得到多种米糠多糖,它们都有着显著的生物活性和保健功能,不仅具有一般多糖或膳食纤维所具有的生理功能,而且还具有抗肿瘤、降血糖、降胆固醇、抗细菌感染和增强免疫等多种活性功能。米糠中存在着多种类型的多糖,其组分和结构也各不相同,具有多种生物活性。不同的研究工作者给所提取的米糠多糖不同的名称代号,如 Eichi 等提取的 RBS,Takeo 等提取的 RDP、RON,Kimitoshi 等提取的 RBF-P、RBF-PM,Lamkooh 等制备的 RBG-3,Kado 等制备的 RBSR-01 以及胡国华等制备的 RBHB、RBHA 等。

5.2.1　提高免疫力

米糠多糖通过体液免疫和细胞免疫两种途径发挥免疫作用。米糠多糖 RBS、RON 对小鼠炭清除率检测结果表明,米糠多糖能提高噬菌细胞的活性,加快小鼠清除炭粒的速度,可增强网状内皮组织增殖作用,并能促进和诱发多种细胞因子的产生。此外,小鼠的迟发性超敏反应实验也表明,米糠多糖有提高 T 细胞免疫功能的作用。米糠多糖还可增强宿主细胞的免疫应答活性,从而提高机体的抗菌能力,米糠多糖有较强的抗菌活性。

汪艳等对米糠多糖免疫功能进行了研究,在肌肉接种肿瘤细胞后的第 15 天对小鼠腹腔巨噬细胞的吞噬功能进行测试,结果表明,米糠多糖处理组的吞噬指数和吞噬率是各组中最高的,巨噬细胞数目和吞噬活力以及 F 受体的表达增强情况最明显。姜元荣等采用小鼠灌胃实验发现,高、中剂量高温水提米糠多糖、碱提水溶性米糠多糖能显著增强正常小鼠脾淋巴细胞增殖能力,增强正常小鼠腹腔巨噬细胞吞噬鸡红细胞能力,具有一定的免疫功能。高剂量米糠多糖还能够促进鸡传染性法氏囊病(IBDV)感染雏鸡的淋巴细胞增殖、提高自然杀伤细胞(NK)细胞活性、促进血白细胞介素(L-2)的产生;促进抗绵羊红细胞抗体的产生,提高 IBDV 感染雏鸡对新域疫(ND)、禽流感(AI)疫苗的免疫应答;缓解 IBDV 对雏鸡免疫器官的病理性损伤。在雏鸡感染 IBDV 前服用较高剂量的米糠多糖,能够使 IBDV 感染雏鸡对胸腺依赖抗原的免疫应答反应有一定程度的提高。易阳等以米糠为原料，采用热水浸提制备米糠多糖并进行体外免疫调节活性测定，结果表明，在 50～400 μg/mL 剂量范围内米糠多糖可显著刺激 ConA 诱导的脾淋巴细胞增殖，但仅在 50 μg/mL 剂量下促进正常和 LPS 诱导的增殖，明显增强巨噬细胞的吞噬功能，主要通过抑制 NO 生成来发挥免疫调节作用。米糠多糖作为免疫佐剂具有良好的开发前景。

5.2.2 抗癌、抗肿瘤作用

米糠多糖对 CYX 和 IBDV 引起实验雏鸡外周血中 CD4+和 CD8+的 T 淋巴细胞亚群减少具有一定的抑制作用。邵小龙研究表明，较高剂量的蛋白酶提取米糠多糖能明显抑制小鼠 S180 瘤体的生长，适宜浓度的抑瘤效果为 56.9%，与环磷酰胺接近。米糠多糖在抗肿瘤的同时，表现出对小鼠血清和肝组织中超氧化物歧化酶和谷胱甘肽过氧化物酶活性的促进作用。汪艳等的研究发现，米糠多糖组 Bal b/c 小鼠与空白对照组和环磷酰胺处理组比较，有明显的抑瘤作用；小鼠腹腔巨噬细胞吞噬能力，巨噬细胞表面 Fc 受体数量以及外周血中 T 细胞所占比例均有明显改善。对 Balb/c 小鼠 Meth-A 纤维肉瘤有明显的抑瘤作用，该作用与提高细胞免疫功能有关。酯化修饰后的米糠多糖能够有效抑制肿瘤、诱导肿瘤细胞凋亡，其抗癌、抗肿瘤作用与多糖的免疫调节作用有一定的联系，应用于饲料中有抗病变的作用。

200～250 mg/kg 剂量的米糠多糖对 S180 抗肿瘤功能的抑瘤率为 51%～52%；50～100 mg/kg 剂量的米糠多糖抑瘤率为 22%～45%。米糠多糖对肺肿瘤虽没有抑瘤作用，但对该肿瘤引起肺转移导致患肺肿概率的增加有一定的抑制作用，抑制率为 32%～34%。此外，米糠脂多糖对网状内皮系统肿瘤坏死因子（TNF）也有激活作用。米糠多糖对 P338 白血病原代细胞增殖有明显的抑制作用，其抑制强度与药物浓度有依赖关系，其 IC50 约为 100 μg/mL，瘤细胞与药物接触 48 h，抑瘤作用更强。米糠多糖的抑制肿瘤功效可能与肿瘤中浸润的淋巴细胞或巨噬细胞等所释放的淋巴因子介导抗癌作用有关。RBH 能在大肠内生成许多短链脂肪酸，尤其是乙酸的大量生成，降低了肠内的 pH，能促进和改善人体代谢；另外米糠多糖能在大肠内诱导出大量的有益菌群，对于预防肝癌和大肠癌有重要作用。1993 年，日本的青江诚一郎等利用米糠半纤维素喂食注入大肠癌诱发剂的老鼠，发现这些老鼠大肠癌的发生频率显著低于对照组的发生频率。众多研究表明，米糠多糖可明显抑制 S180 肉瘤、Meth-A 纤维瘤和腹水型肝瘤等实验肿瘤，其抑瘤率为 30%～70%。此外，由于米糠多糖对机体的免疫增强作用在一定程度上弥补了环磷酰胺对机体免疫系统的损伤，提高了机体对毒副作用的承受能力，从而可达到与环磷酰胺联合抗肿瘤的效果。

日本研究人员利用开水从米糠中提取某种物质，再除掉油脂、淀粉、蛋白质，用乙醇使其沉淀后精制得到一种"RBS"的新物质。这种多糖类可望通过提高人类本身所拥有的免疫力，来防止癌细胞增加，对患有肝癌、皮肤癌的白鼠疗效比现有的抗癌剂高。美国介绍了从米糠中提取抗肿瘤物 RBE-PN、RBF-X、RBF-P 的工艺方法。

5.2.3　降血脂、降血糖作用

膳食纤维可起到抑制和延缓胆固醇和甘油三酯在淋巴中吸收的作用。早在 1968 年，Eastwood 研究了米糠纤维的体外模拟实验后发现，它对胆汁酸有明显的吸附作用，Eastwood 却认为是其中的木质素起了作用。其后，Normand 和 Mongeau 等的研究结果否认了 Eastwood 的结论，都确证是米糠半纤维素对胆汁酸起了吸附作用，Normand 等还发现在体外模拟环境下，米糠半纤维素对胆汁酸、甘油胆汁酸、牛磺胆汁酸和甘油牛磺胆汁酸的吸附能力远比麦麸半纤维素对它们的吸附能力强，但原因还不清楚。米糠半纤维素抑制胆固醇上升的动物实验研究报道较多，如日本的青江诚一郎从脱脂米糠中提取出能有效抑制老鼠血清胆固醇上升的半纤维素，缓野雄幸用制得的 RBH 对白鼠血清胆固醇和肝胆固醇的影响进行研究，发现 RBH 对血清胆固醇有明显的抑制效果，但对肝胆固醇的影响不大。

米糠多糖的降脂活性也被众多实验所证实。蔡敬明等研究表明，米糠多糖能够显著降低人体血清中的胆固醇和甘油三酯水平，可降低低密度蛋白胆固醇值（$P <$ 0.05）及低密度脂蛋白与高密度脂蛋白的比值（$P <$ 0.05）。用添加 0.5%米糠多糖的饲料连续喂养高血脂大鼠 8 d，其血清胆固醇水平从 435 mg/L 降至 158 mg/L；用含 5%米糠多糖但不添加蔗糖的饲料喂大鼠，同对照组中含有蔗糖、酪蛋白水解物、1%胆固醇和 0.25%胆酸相比，大鼠血清胆固醇水平从 318 mg/L 降至 237 mg/L。此外，米糠多糖还能够促进脂蛋白脂肪酸的释放，使血液中大分子的脂质分解成小分子，对血脂过高引起的血清浑浊有澄清作用，也能够明显降低血清胆固醇水平。

胡国华和吴莺等都通过体外实验观察到，米糠半纤维素可束缚一定量的胆酸和胆盐，这种作用直接导致体内血清胆固醇的降低。虽然米糠多糖对胆酸的影响机理尚未完全清楚，但不少研究已证实，膳食纤维能够吸附胆汁酸并降低胆固醇和甘油三酯消化产物的溶解性，抑制或延缓胆固醇与甘油三酯在淋巴中的吸收。食品中的米糠膳食纤维可降低血脂水平，很可能是因为它们在小肠内与胆酸盐和其他脂类物质结合并使它们随粪便排出，这样需要有额外的胆固醇被转化成胆酸以补偿被排掉的部分，因此体内胆固醇降低。

胡忠泽等采用链脲佐菌素诱发实验性糖尿病动物模型，研究米糠多糖对糖尿病小鼠的降糖效果以及对其肝脏抗氧化功能的影响，结果表明，与糖尿病模型组比较，中、高剂量的米糠多糖能显著降低糖尿病小鼠的血糖水平，明显改善其葡萄糖耐量，显著提高肝脏 SOD、GSH-Px 活性，明显降低肝脏中 MDA 的含量，具有一定的降血糖作用。

通过研究从米糠的水浸膏中分离到的 4 种米糠多糖 Oryzabran A、Oryzabran B、Oryzabran C 和 Oryzabran D，对正常小鼠由四氧嘧啶诱导的高血糖产生的疗效时发现，其降血糖活性显著，但 4 种多糖的构象效应关系还有待于进一步研究证明。另据报道，将多糖 Oryzabran A、Oryzabran D 以 300 mg/kg 的剂量，多糖 OryzabranB、Oryzabran C 以 100 mg/kg 的剂量分别灌喂实验小鼠 7 h 后，多糖 Oryzabran A、Oryzabran B、Oryzabran C 和 Oryzabran D 的降糖率分别为 64%、90%、63% 和 50%，注射 24 h 后血糖下降率为 66%、83%、54% 和 54%。

5.2.4　抗紫外线辐射及影响矿物质代谢

有研究报道，米糠多糖可以保护头发。在同等光照条件下，色氨酸的量缓慢减少，米糠粗多糖具有一定的抗 UVB 辐射效果；米糠多糖用于饲料中，具有预防因紫外线强辐射而引发的各种疾病的发生。由于米糠粗多糖是分子量范围较广的多糖，哪种组分或哪些组分的组合起到抗辐射效果，有待于进一步研究。

由于米糠半纤维素多糖中包含一些羧基和羟基类侧链基团，呈现弱酸性离子交换树脂的作用，可影响到人体内某些矿物质元素的代谢。Mod 等在这方面做了较为深入的研究，体外模拟实验研究结果表明，米糠半纤维素能吸附 Ca^{2+}、Mg^{2+}、Zn^{2+}、Fe^{2+}、Fe^{3+} 和 Mn^{2+} 等金属离子，并且吸附这些金属离子时，金属离子间存在竞争。若吸附后加入适量的蛋白酶和半纤维素酶，被吸附金属离子会被解脱而释放。Mod 等认为，这些释放的矿物质能被人体吸收再利用，而使得 RBH 对矿物质代谢的影响大大减少。在此基础上，Mod 等通过动物实验研究后认为，胃肠酸性 pH 和人体消化酶的作用影响，使得米糠半纤维素只对 Ca^{2+} 和 Mg^{2+} 有一定的影响，而对其他金属离子几乎不吸附。因此，对于长期食用含米糠半纤维素的功能性食品时，应注意适当补钙和镁，以避免米糠半纤维素对人体所带来的副作用。

还有研究者发现，米糠半纤维素具有吸附 NO^{2-} 的能力；米糠半纤维素能促进肠内双歧杆菌的增殖，可以作为有效成分配制肠代谢改善药物；米糠半纤维素能够防止半乳糖胺对肝脏的毒害；米糠半纤维素还具有吸附人体内有害农药、抑制肝功能紊乱、增加血液淋巴细胞等诸多生理功效。

5.3　米糠多糖的加工

日本的企业和科研工作者对米糠多糖进行了大量的研究，他们通常是将稳定化米糠通过压榨法或浸出法制取功能性米糠油后，再利用脱脂米糠分离得到米糠多糖或米糠膳食纤维。国内对米糠资源的深度开发利用还不够广泛深入，对米糠的综合利用还只局限于肌醇、植酸等传统产品的开发，对米糠多糖产品的生产和利用急需提高。尽管近年来也做了一系列多层次的开发和利用，如米糠纤维饮料的研制、米糠油的提取、植酸和肌醇的制备、米糠营养素和营养纤维的制备等，但还多局限于运用物理或化学性的技术，而采用生物技术对其中的多糖进行深度开发利用则较少。

米糠中的多糖属于水溶性多糖，以水作为提取剂安全、经济，热水浸提法是最基础的米糠多糖提取方法，但是提取率低，已经逐渐被淘汰。通过破坏米糠多糖与米糠中其他成分的复合态结合形式，辅以其他提取技术来提高米糠多糖的提取率，就可以极大地提高米糠多糖的利用率。目前常见的高效提取米糠多糖的方法主要包括酶解法、超声波提取法、微波提取法等，近年来一些高新技术在米糠多糖的提取方面的应用也有报道，提取出来的米糠多糖经过纯化精制就可以应用。

5.3.1　热水浸提

米糠多糖的热水浸提过程为：将脱脂米糠置于锥形瓶中，加入一定量的蒸馏水，搅拌均匀后在一定温度条件下浸提一定时间，冷却后离心（2500 r/min，10 min）。取上清液，按 25∶1 的体积比加 α-淀粉酶，80℃保温 2 h。沸水灭酶 30 min，离心（2500 r/min，10 min）后取上清液。30%乙醇醇析，离心（2500 r/min，10 min），得白色沉淀，复溶后取上清液冷冻干燥，即得米糠多糖产品。

由于米糠多糖存在于植物组织的细胞中，采用热水浸提法不易溶出，提取率较低。

5.3.2　超声波辅助浸提

超声波产生的机械作用及空化效应能迅速集中地破坏米糠的细胞壁，是米糠多糖提取的有效方法之一。在常规提取基础上加入超声波和匀浆处理，能打破米糠粕中各组织成分间紧密的结合，从而在比较温和的条件下通过一次提取获得米糠多糖产品，并使其提取率得到有效提高。王敏等研究了超声波辅助提取米糠多糖中温度、时间、加水量、超声功率对多糖提取率的影响，通过单因素实验和正交实验发现，温度对多糖提取率的影响最大，功率对多糖提取结果的影响最小。超声波辅助提取米糠多糖的最佳工艺条件为：温度 80℃、时间 70 min、加水量 20倍、功率 200 W。此时米糠多糖的提取率为 1.75%，比热水法的提取率提高了66.98%，在米糠多糖提取方面具有一定的优势。李东锐、张立等对米糠多糖的超声波提取工艺条件进行了研究，结果表明，超声波提取米糠多糖的稳定性好、回收率高。挤压和超声波方法联用将米糠多糖的提取率提高到 7.18%，机械外力作用对米糠多糖的提取具有很大的促进作用。

5.3.3　微波辅助浸提

微波辅助浸提米糠多糖的操作为：按一定比例在脱脂米糠中加入蒸馏水，搅拌均匀后在一定的功率下微波一定时间，使物料温度升到 80～100℃取出。降温后继续置于微波炉中加热 1 min，取出降温。如此反复直至到达实验设计的时间。自然冷却后离心（2500 r/min，10 min），取上清液按 25：1 的体积比加 α-淀粉酶，80℃保温 2 h 后沸水灭酶 30 min，冷却后离心（2500 r/min，10 min）取上清液。30%乙醇醇析后离心（2500 r/min，10 min），得白色沉淀，复溶，取上清液冷冻干燥，即得米糠多糖产品。

米糠在微波辐射作用下，内部迅速升温，细胞壁被涨破，有利于米糠多糖的快速提取。王莉等以脱脂挤压米糠为原料，采用微波辅助法提取米糠多糖，并与传统热水浸提方法进行比较，传统热水浸提米糠多糖提取率为 2.02%，纯度为 68.53%；微波辅助提取多糖的提取率为 2.76%，纯度为 72.47%；微波辅助法的米糠多糖提取率和纯度分别提高了 36.6%和 5.7%；微波辅助法提取可以显著提高米糠多糖的提取效率，但对其理化性质并无影响。钱丽丽等以脱脂米糠为原料，用微波辅助提取米糠多糖，研究料液比、微波处理时间、提取温度对米糠多糖提取率的影响。结果表明，当料液比 1：20（质量比）、微波处理时间为 90 s、提取温度为 100℃时，多糖提取率为 2.36%。同时通过韭菜保鲜实验验证了米糠多糖具有一定的保鲜作用，这与其能清除自由基有关，作为饲料抗氧化剂具有相同的理论基础。有研究证实，超声波和微波这两种高效提取技术联用的提取率为 1.55%，与传统的热水浸提法相比，提取率提高了 38.4%，同时可以显著缩短提取时间。

5.3.4　酶处理提取

米糠多糖一般情况下与纤维素、蛋白质结合存在于细胞壁中，酶解法能很好地破坏细胞壁结构，使米糠多糖溶出，多种酶制剂联合使用会提高米糠多糖的提取率。米糠多糖是一种酸性杂多糖，在碱性溶液中较易浸出。徐竞研究了酶解温度、酶解时间、酶用量、pH 等对膨化米糠中多糖的提取率及活性的影响，结果表明，对米糠多糖活性影响最大的因素是 pH；在碱性环境下米糠多糖的提取率高，但多糖活性低。

为了提高米糠多糖的得率，迟海霞在单因素实验的基础上采取正交实验，以米糠多糖得率为指标，对超声波辅助纤维素酶-柠檬酸联合提取米糠多糖的工艺条件进行了优化，获得的米糠多糖最佳提取工艺条件为超声时间 1 h、超声温度 50℃、超声功率 100 W、pH 为 5.0。在此优化条件下，米糠多糖的得率最高可达 6.69%。红外光谱扫描结果显示，该法所提取的多糖和热水浸提所得多糖的红外光谱图基本吻合，主要官能团没有差异。米糠多糖的结构不会因为超声波、酶法和柠檬酸的联合使用而受到破坏。

俞兰苓以米糠为材料，采用蛋白酶等水解米糠多糖中的杂质，比较热水浸提法、微波辅助浸提法及酶处理提取法提取米糠多糖的得率。结果表明，热水浸提法的最佳参数为料液质量比 1：10，在 100℃下浸提 1 h，米糠多糖得率为 0.7%；

微波辅助浸提法的最佳工艺为料液质量比 1 : 14，在 600 W（100 g 脱脂米糠）微波功率下浸提 9 min，米糠多糖得率为 1.06%；预煮后采用蛋白酶、淀粉酶或纤维素酶处理，三种酶联合处理工艺的米糠多糖得率可达 1.8%。尽管利用酶法提取米糠多糖的得率较高，但提取成本大，目前还较难实现工业化生产。

表 5.1 列出了不同提取方法对米糠多糖品质的影响差异。

表 5.1　米糠多糖成品基本理化性质

性质	热水浸提	微波辅助浸提	淀粉酶处理	蛋白酶处理	纤维素酶处理	混合酶处理
颜色	淡黄色	淡黄色	黄色	淡黄色	黄色	黄色
吸湿性	弱	弱	强	弱	一般	强
碘反应	无	无	无	无	无	无
DNS 反应	有	有	有	有	有	有
Folin-酚反应	有	有	有	有	有	有

5.3.5　其他提取技术

除了上面提到的辅助提取方法外，为提高米糠多糖的提取率，研究者进行了广泛的尝试。刘佳杰等以米糠为原料，研究了采用冻融辅助提取法对米糠多糖进行提取的工艺，在冻融的条件下，以水浸提液，用 Sevag 法去蛋白质，并用丙酮进一步纯化得到近白色的多糖；在亲水性的高分子聚合物聚乙二醇-硫酸铵形成的双水相体系中对米糠多糖进行提取，很好地保护了米糠多糖不受提取过程中外界化学物质或机械外力的破坏。秦微微和殷涌光对高压脉冲提取米糠多糖的工艺进行了研究，在高压脉冲提取的整个过程中，米糠细胞作为电容，不断积累外部提供的电荷，这些电荷主要聚集在表面，这样就导致细胞壁位差的形成，壁抗性逐渐降低，最终使细胞壁破裂胞内物释出。

5.4　米糠膳食纤维的加工

WHO 建议正常人群膳食纤维的摄入量为 27 g/d；德国营养学会建议至少为 30 g/d，而且不溶性膳食纤维与可溶性之比为 2 : 1（质量比）；英国营养学家建议为 25～30 g/d；美国 FDA 推荐量为 20～35 g/d；我国营养学会提出，成年人适宜摄入量约为 30 g/d，此外针对特殊人群，如富贵病人在此基础上应增加 10～15 g/d，青少年和儿童应少一些。据测算，我国人均每日实际摄入量为 12 g 左右，摄入量严重不足，且摄入量随食品精加工水平呈下降趋势。据调查，我国有 4000多万女性和 1000 多万老人长期受到便秘的困扰，另有 2.6 亿超重或肥胖人士、1.6 亿高血压患者、1.6 亿血脂异常者、4000 多万糖尿病人或空腹血糖受损者，这些特殊人群均是膳食纤维食品的目标消费者和急需需求者。

在欧美,高纤维类产品的年销售已过 300 亿美元;在日本,食用纤维素类产品的年销售近 100 亿美元。食物纤维的来源有谷类、豆类、海藻、水果、蔬菜等,无论是数量上还是功效上,谷类食物纤维都占有明显优势,尤其米糠是一种优良的食物纤维来源。米糠中的食物纤维对人体消化道中的致癌等有害物质具有良好的吸附作用,并能使其随大便排出体外,因而对消化道癌和消化道疾病有预防作用。从脱脂米糠中分离出的半纤维素 B 能抑制血清胆固醇的升高。米糠纤维素以及不饱和脂肪酸、可溶性多糖等生理活性物质对改善心脑血管功能,预防高血脂、高血压、高血糖、恶性肿瘤和便秘均有较好的效果。米糠纤维作为营养素,可适当改善当前我国膳食纤维摄入量严重不足的情况,对儿童、老人和特殊群体都非常适合。利用丰富的米糠资源开发米糠纤维,可应用于早点、膨化食品、糖果、肉制品等食品中,降低产品的热量值,增加产品的终端价值,具有很大的经济效益。

5.4.1　膳食纤维的提取

采用脱脂米糠联产米糠蛋白和水溶性膳食纤维的技术路线如图 5.1 所示。

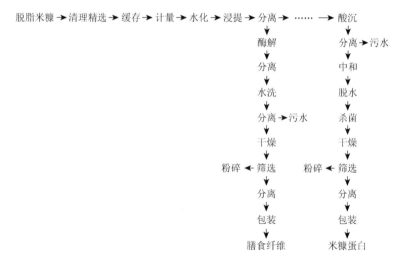

图 5.1　米糠蛋白和膳食纤维生产技术路线图

脱脂米糠进厂后进入原料库暂存,生产时先经过清理精选去除可能混入的杂质,计量后加水充分搅拌进行水化。然后调节温度,加 NaOH 调节 pH 至 9.0 进行浸提。2 h 后利用分离机进行分离。浸提分出的液体中加入 HCl 酸溶液调节 pH 至 4.0 进行酸沉,沉淀物进行水洗、加碱液中和,经脱水、杀菌后进行干燥,然后进行筛选,粒径过大的先粉碎再筛选,检验合格后,计量包装为米糠蛋白;浸提分离出的固体,加入酶制剂进行酶解,分离出膳食纤维粗品,经水洗、脱水、干燥、筛选等工序，经检验合格后计量包装为米糠膳食纤维。

5.4.2　米糠半纤维素的提取

　　米糠半纤维素（RBH）由米糠脱脂后用碱液提取，提取液经中和后澄清、脱盐、浓缩干燥而成。RBH 可分为水溶性和碱溶性两类，由于水溶性 RBH 在米糠中含量相对较少，开发应用价值不大；碱溶性 RBH 又可分为 RBHA（由中和沉淀提取）和 RBHB（在中和液中添加乙醇沉淀提取）。RBHA 一般不溶于水，分子量较大，糖醛酸含量、黏度及持水力、膨胀力、离子交换能力都低于 RBHB 提取。图 5.2 为制备 RBH 的工艺流程图。

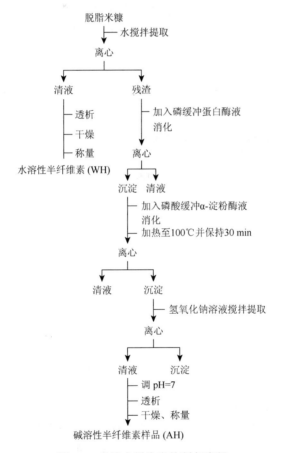

图 5.2　米糠半纤维素的制备流程

　　提取水溶性半纤维素时，料液比范围确定为 5～15；用氢氧化钠溶液提取碱溶性半纤维素时，料液比范围确定为 3～15。考虑提取率、节约用水、降低成本等因素，分步提取水溶性及碱溶性半纤维素时，以料液比为 1：10 时提取效果较好。

水溶性半纤维素的提取率随温度的升高逐渐增加，当提取温度为 60～80℃时，提取率变化不大。随着温度的升高，产品的颜色稍加深，由金黄色变为黄褐色，这可能是因为美拉德反应所致。对于碱溶性半纤维素，当提取温度低于 60℃时，随着温度的升高提取率逐渐增加，但是增加量很少。当温度超过 60℃时，提取率又突然下降，这可能是因为随着温度的升高提取液的黏度变大，分子运动速率减慢，阻止了半纤维素的溶解，从而使提取率下降。考虑最终产品的色泽及温度对提取率的影响，以 25℃提取碱溶性半纤维素较为适宜。

当氢氧化钠溶液浓度为 0.1～1 mol/L 时，提取率随碱液浓度的增加而逐渐增加。当浓度从 0.1 mol/L 增至 0.5 mol/L 时，提取率增加幅度较大；当氢氧化钠浓度在 1～3 mol/L 范围内时，半纤维素的提取率又逐渐降低，而且提取液颜色逐渐变暗，黏度逐渐增加。考虑浓度与提取率之间的关系以及最终产品色泽等因素，氢氧化钠溶液浓度为 1 mol/L 时米糠半纤维素的提取效果较好。

5.4.3 米糠膳食纤维的改性加工

膳食纤维分为可溶性膳食纤维（SDF）和不溶性膳食纤维（IDF）。SDF 有着广泛的生理作用，在许多方面具有比 IDF 更强的生理功能，如持水率高、防止便秘等。但是天然来源的膳食纤维中大多数为 IDF，SDF 含量较低。因此，如何将 IDF 转化为 SDF 以提高天然膳食纤维中 SDF 的含量，具有特别重要的意义。许多研究结果表明，以米糠为原料通过挤压加工的方法可以提高米糠膳食纤维中的 SDF 含量，改善米糠膳食纤维的质量和生理活性，可为食品加工及功能性食品开发提供一种新的原料。米糠膳食纤维含量达 25%～40%，是一种较好的膳食纤维来源。徐树来的研究表明，挤压加工可以使米糠中 IDF 向 SDF 转化，转化率可达 10%；在物料含水量为 20%、螺杆转速为 140 r/min、挤压温度为 110℃的条件下，可获得较优的米糠膳食纤维产品；各操作因素的影响次序为挤压温度＞含水量＞螺杆转速。徐驱雾等对米糠膳食纤维的膨胀力、持水力、持油力和黏度等性能进行研究。结果表明，在 pH 为 3～11 的溶液中，米糠膳食纤维的膨胀力呈现先降低后增加的变化趋势，低浓度盐对米糠膳食纤维的膨胀力影响不明显，当盐浓度超过 5%时膳食纤维的膨胀力有所下降，米糠膳食纤维的膨胀力优于麦麸膳食纤维；随着 pH 的变化，米糠膳食纤维的持水力变化波动大，变化规律性不强，随着盐浓度的增加，米糠膳食纤维的持水力有所下降，米糠膳食纤维的持水力也优于麦麸膳食纤维；米糠膳食纤维的持油力随着温度的升高而增大，米糠 SDF 的黏度随着浓度的增加而变大，但浓度为 7%时的黏度也仅为 3.37 MPa·s，即使大量添加到其他食品中，米糠膳食纤维对体系黏度的影响也不大。因此，米糠膳食纤维可广泛作为功能食品添加剂应用于饮料、乳制品、面包等工业中。

第6章 米糠其他活性物质的加工

菲汀即植酸钙镁，是植酸与钙、镁金属离子形成的一种复盐，广泛存在于植物种子的菊粉层中，如米糠、麦麸、玉米皮和棉籽壳中。脱脂米糠中菲汀的含量可达 10%～11%，因此脱脂后的米糠饼粕是提取菲汀的最佳原料，通常可通过沉淀法或离子交换法提取。菲汀是一种重要的药物原料，具有独特的生理药理功能和广泛的用途。它有促进人体新陈代谢和骨质组织的生长发育、恢复体内磷平衡、健脑及治疗神经炎、神经衰弱、手抽搐和幼儿佝偻病等作用，还可解除铅中毒；在工业上，植酸钙主要用于生产肌醇和植酸，并在食品、医疗和化学冶金方面具有较广泛的应用。

植酸（phytic acid）即环己六醇磷酸酯，在植物中通常以植酸钙的形式出现。以菲汀为原料，用离子交换法去除复盐中的 Ca^{2+}、Mg^{2+} 等阳离子和混杂的阴离子，经活性炭脱色精制、真空浓缩即可制得植酸。植酸在医药上，可以预防结肠癌及肾结石的发生，也可降低人体胆固醇，还可作抗凝血剂、防噬菌体感染剂、高压氧气中毒的预防剂以及维生素 B_2、维生素 C 和维生素 E 等的稳定剂。在医药工业，植酸是用发酵法生产核黄素的有效成分之一，作为发酵促进剂，可提高庆大霉素及其他氨基甙类抗生素产量。另外，日本和其他许多国家应用植酸，作为大豆油、肉、鱼浆及许多食品的保存剂。我国对植酸生产和应用研究起步较晚，植酸应用范围正在不断扩大。

肌醇即环己六醇，米糠是我国目前制取肌醇的主要原料，从米糠饼（粕）中提取的菲汀含有 20%左右的肌醇，肌醇一般用菲汀高压水解制得。肌醇价格昂贵，属维生素类药物及降血脂药，被广泛用于医药工业，对肝硬化、血管硬化、脂肪肝、胆固醇过高有显著疗效。肌醇对某些动物和微生物具有促进生长的活性，有类似维生素 B_1 和生物素的作用，故而在医药上多与维生素 B、胆碱、蛋氨酸等制成复合的制剂（也可单独使用），用于治疗胆硬化、脂肪肝、四氯化碳中毒等疾病。肌醇还具有防止脱发、增强肝脏、降低血液中胆固醇含量的作用，故可作为营养药物。肌醇还能促进各种菌种的培养和酵母的生长，故在发酵和食品工业中也具有较多用途。肌醇还可用于中毒脱发症等治疗，可作保健药物，日用化工上应用肌醇作为高级化妆品，此外还可作为生化试剂、食品强化添加剂、饲料添加剂等。正常人对肌醇需要每日为 1～2 g。

米糠在加温压榨制油时，谷维素溶解于油中，溶剂浸出法制油时则被混合油带出。毛糠油中谷维素含量为 1.8%～2.5%。虽然很多植物油（如玉米胚芽油、小麦胚芽油、亚麻油、芽籽油等）中都含有谷维素，但由于其含量很低，以致没有工业提取价值，所以至今谷维素都是从毛米糠油中提取的。谷维素主要用于制成药品，从大量的临床实践中得知，谷维素对周期性精神病、脑震荡后遗症、妇女更年期综合征、经前期紧张症、血管性头痛、高脂血症、慢性胃炎等具有良好的、明确的疗效。另外，谷维素还可用作食品添加剂。老年人饮用的奶粉中加入 2% 左右的谷维素，饮用后可降低人体对胆固醇的吸收。谷维素也可作为一种抗氧化剂加入到食用油中。用这种油制成的食品脂质氧化变慢，货架期长。

米糠油皂脚的脂肪酸组成和米糠油基本相同。皂脚制取脂肪酸有酸化水解、皂化酸解及水解酸化三种方法，其中以皂化酸解法在工业应用中较为普遍。在脂肪酸工业中，用甲酯代替脂肪酸为中间体制备各种脂肪酸衍生物具有很大发展前途。米糠油皂脚配合适当的硬化油加入适合的香精和填充料，可制作成洗衣肥皂，这是肥皂厂节约油和碱，降低成本的途径之一。

米糠蜡是米糠油工业副产品中仅次于脂肪酸的一种大宗产品。米糠油中含有的糠蜡是一种高级脂肪酸和高级醇酯。米糠蜡经过精制，主要用于日用化工行业，如用作鞋油、上光蜡、复写纸、化妆品的重要添加剂。从米糠蜡的性能和组成来看，它的应用潜力还很大，除日用化工中蜡质的应用外，美国、日本等国家还将其用于水果保鲜、食品包装、口香糖、胶姆糖等食品添加剂以及化妆品和医药领域。而我国在这方面的应用还需深入开展。特别值得重视的是，国内以米糠蜡为原料提取二十八烷醇的工艺技术已有突破。二十八烷醇具有增进耐力、精力、体力，提高反应灵敏性，促进性激素，增强性能力，改善心肌功能的一系列特殊功能，非常适合现代社会人们生活的需求，是一种公认的植物中提取的纯天然绿色环保型食品添加剂，具有极大的市场潜力和经济意义。

谷维素是十几种甾醇类阿魏酸酯组成的一类化合物。谷维素作为一种较新的药物，在临床医疗中已被证实兼具激素和维生素的双重作用，能抑制胆固醇的增加，对神经失调、更年期综合征、脑震荡后遗症有较高的疗效。由于无副作用，已在全世界范围内获得广泛应用。此外，它可作为植物生长调节剂，也能促进动物生长；还可用于化妆品、用作食品添加剂、阿魏酸的原料等。

生育酚和三烯生育酚（统称母生育酚）属于维生素 E 族，以环形异构体存在于植物和植物油中。这些化合物，特别是三烯生育酚可以防止脂质氧化，延缓退行性疾病的发生，如心血管疾病、癌症、炎症疾病、神经混乱、白内障、年龄相关性黄斑变性以及免疫调节疾病等，还能防止早产和延缓人的衰老，防治肝脏机能障碍。米糠毛油中生育酚和三烯生育酚的含量相对较高（>0.2%），其中三烯生育酚超过 70%，这在食用植物油中比较少见。天然维生素 E 在生理活性和安全性方面均优于合成维生素 E，国际需求量很大。提取维生素 E 后的酸性油也是生产生物柴油的原料。

米糠油还富含植物甾醇，其含量为 1.0%～3.0%，植物甾醇具有降低胆固醇的作用。从米糠皂渣中提取的谷甾醇是一种植物甾醇的混合物，其中 60%～72%是 β-谷甾醇。它在医药上用于抗炎症、降血脂等，且被广泛用于化妆品基剂和乳化剂等。可以利用米糠油脱臭馏出物生产维生素 E 和植物甾醇。

6.1　菲汀的加工

菲汀是一种无色、无臭的白色粉末，溶于盐酸、硫酸、硝酸，不溶于醇类、乙醚、丙酮、苯等有机溶剂，微溶于水。它是提取植酸、肌醇的原料。

关于菲汀（植酸钙）的提取方法，国内外都有报道。按使用沉淀剂的不同，菲汀的提取方法可分为醇类沉淀法、金属盐沉淀法和酸浸加碱中和沉淀法等。目前，利用米糠为原料，制取植酸钙最常用的方法是酸浸加碱中和沉淀法，此法主要是利用一些强酸萃取，如硝酸、盐酸、硫酸等，再利用碱进行中和沉淀。有研究表明，使用盐酸的酸浸取效果要比硫酸好些，盐酸的酸浸速度要更快些。原因是植酸钙在酸性的溶液中解离成植酸和钙、镁离子的形式而存在，若使用硫酸则会使植酸钙解离出的钙离子与硫酸根结合成硫酸钙沉淀，这样会降低得率，影响菲汀的质量。此法的工艺流程为：

米糠→制油→米糠粕→粉碎→酸浸→过滤→滤液中和→过滤→沉淀烘干→植酸钙

中和沉淀过程是植酸盐制取的关键过程之一。实验研究表明，以多种碱金属化合物分批中和浸出液并严格控制各段 pH，确保生成的植酸盐全部为六碱土金属盐。植酸六碱土金属盐的溶解度一般为 15 mg/100 g，沉淀回收率可达 93%以上，产品纯度也在 95%以上。分段中和法可以大大提高植酸盐的纯度和生产率。生产 1 t 植酸盐约需 10 t 的糠饼。

宗金泉对传统的酸浸法工艺进行了改进，用动态多次酸浸循环法替代原来的静态依次浸取法，用氢氧化钙和氢氧化钠二次中和替代氢氧化钙和氢氧化镁混合乳的一次中和。为了增加菲汀的纯度，减少某些杂质混入尤其是蛋白质，常采用某些盐类（如 Na_2SO_4、NaCl 等）作为纯化剂。浸取的方式有一浸一洗法、两浸一洗法。经过酸浸后如不用水洗涤其酸性较高，会影响进一步的利用。

在酸浸米糠时，酸液会使米糠中的蛋白质和其他可溶于酸性溶液中的杂质一起浸出，这样不但会影响菲汀的品质和纯度，还会给后续工序带来不便。蛋白酶和淀粉酶可以水解蛋白质和淀粉，纤维素酶也可以分解植物的细胞壁，如能在酸浸的过程中加入这些酶，可以增加菲汀的浸出率，又可以提高菲汀的纯度。郭伟英采用由纤维素酶、蛋白酶、淀粉酶组成的复合酶在低酸条件下制备菲汀，可以提高菲汀的浸出率和纯度。酸和酶的协同作用是复合酶法提取的机理，其结果使得菲汀的浸出量增多，产率可达到 8.44%，纯度要超过 90%，并且实验耗时短，操作不复杂，所以低酸加酶法是理想的提取方法。

李健芳等用米糠为原料在超声波条件下用酸浸泡提取菲汀，并与无超声波酸浸提取相比较，结果表明，在超声波作用下，超声 15 min 即可达到比传统酸浸法更高的纯度和提取率，大大减少了提取时间，并且浸泡时酸用量减少，在后期碱中和过程中碱的用量也会减少。

菲汀的用途十分广泛，主要应用于食品、医药化工、日用化工及其他行业。在食品行业中，菲汀在酒类酵母培养时可替代磷酸钾，使酵母增殖，乙醇成分增加，味道变得更加芳醇，同时还可以作为酿酒用水的加工剂和酒类以及食醋等产品的除金属剂。菲汀可以促进人体的新陈代谢、恢复人体内磷的平衡、改进细胞的营养作用，是一种滋补强壮剂。在印刷和感光材料工业中，可用于制备平板减感液和用于制备预感光的正性感光平板。

6.2 植酸的加工

在稻谷中，大部分植酸存在于米糠中，米糠中的植酸含量占稻谷中植酸含量的 90%左右。植酸化学名称为肌醇六磷酸酯，是一种淡黄色或黄褐色的浆状液体，呈强酸性。植酸常以肌醇磷酸钙镁盐（菲汀）的形式广泛存在于天然植物（如玉米、谷物、向日葵、扁豆等）的种子、胚芽、麸皮中，尤以脱脂米糠中含量最高，可达 11%以上。因此，脱脂米糠是一种较好的提取植酸的原料。

我国对植酸的研究较晚。从 1978 年开始，学者们陆续开始研究植酸的测定方法，其后在植酸的提取、结构测定、抗氧化性、药物作用研究以及由植酸为原料水解制备肌醇等方面都取得了较大突破。目前，以植酸为原料加酶水解制备肌醇是其中一个研究热点，如何提高酶解效率，分离得到纯度较高的肌醇是一个值得研究的方向。

随着植酸应用研究的进一步扩展，植酸的用途也越加广泛。植酸因其独特的分子结构，具有独特的生理药理功能，广泛应用于食品、医药、日用化工、金属加工、纺织工业、高分子工业、燃料工业、水果保鲜和环保等行业。植酸是一种用途极其广泛的精细化工产品，美国、日本等已将其列为重要的原料产品，其生产量和应用量逐年增长。在我国，应充分利用我国米糠资源丰富的优势，大力发展植酸生产，提高产品附加值。

6.2.1 植酸的结构及性质

植酸又称为肌醇六磷酸，分子组成 $C_6H_{18}O_{24}P_6$，分子量为 660.08，分子式为

$C_6H_6[OPO(OH)_2]_6$，含磷 28.16%，结构式如图 6.1 所示。

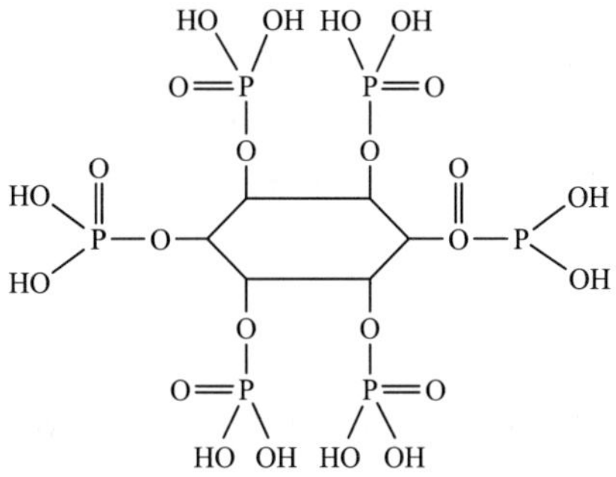

图 6.1 植酸的结构式

植酸溶于水、丙酮，微溶于无水甲醇、无水乙醇，但几乎不溶于无水乙醚、苯、乙烷、氯仿等。植酸与乙二胺四乙酸（EDTA）很相似，植酸的特点是在很宽的 pH 范围内具有螯合能力，其水溶液呈酸性。植酸水溶液加热容易水解，温度越高、时间越久，植酸水解越充分，但其水溶液在 120℃以下是相对稳定的，对光也稳定。植酸的毒性极低，介于乳酸和山梨酸钾之间，比食盐（4000 μg/kg）作食品添加剂更安全。植酸可以与碱中和生成多种形式的复盐。植酸具有 12 个可解离的氢离子，对金属离子表现出很强的螯合能力，其作用的 pH 范围比 EDTA 还广。这一特性表明，植酸可能是植物代谢过程中金属离子的运载体和储存体。植酸在低 pH 下可使 Fe^{3+} 定量沉淀，这个性质是很多植酸测定方法的基础。

植酸作为一种天然物质，具有很高的经济价值。在国外，对植酸的研究和应用已达百余年。1872 年，Preffe 在研究糊粉谷物时发现一种由无机磷、钙、镁组成的物质。1879 年，Winterstin 从芥末种子中利用萃取法提取了一种类似的物质，这种物质经盐酸酸解后得到肌醇和磷酸。根据植酸水解产物的组成，可以得出植酸是肌醇六磷酸酯。可是对肌醇与磷酸的结合形式，即植酸的结构却提出了种种不同看法。其中最具争议的是 1914 年 Anderson 提出的对称正磷酸酯结构以及 1908 年 Neuber 提出的不对称水化三焦磷酸酯结构。二者各有许多支持者，争议相持达 50 余年。随着现代分离技术的进步，植酸的研究取得了较大进展。1969 年，Johnson 等结合前人的工作，通过化学分析、X 射线衍射分析、光谱分析以及核磁共振的测定与解析，详细论证了谷物中的植酸具有 Anderson 所提出的对称正磷酸酯结构，此后，Johnson 的结论又经 X 射线结构分析和植酸的甲酯化反应等途径获得了支持。植酸的结构更加明确，其结构含有 6 个强酸性基、2 个中酸性基、4 个弱酸性基。

100 余年来，国内外学者对植酸的性质、结构、用途、提取工艺、纯化、精制、应用等进行了大量有益的工作。植酸是天然物质，因此在日本不受《食品添加物公定书》和《食品、添加剂等规格基准》的限制。植酸在化工、医药部门以及工业的保鲜、防腐、发酵等方面，有着广泛而重要的用途，因此在国际、国内市场都比较畅销。植酸难溶于水和醚，易溶于苯、氯仿和无水乙醇，对于提高食品质量和延长食品储存期有显著作用。以脱脂米糠为原料提取植酸时，植酸以盐和结合状态存在，主要依靠稀酸破坏它和其他物质的结合，使游离态的植酸进入溶液而被提取出来。

6.2.2　植酸的生产方法

目前世界工业化生产植酸产量最大的是日本三井东亚化学公司，年产 60～80 t，商品形态为淡黄色黏性水溶液。在我国也有厂家生产，但产量不大。植酸的生产方法目前主要有三种，即化学合成法、微生物发酵法和天然产物萃取法。

化学合成法即由环己六醇（肌醇）与无机磷脂合成，此法费用较高，无工业意义。微生物发酵法是一个研究热点，已证明土壤微生物能合成植酸。1971 年，Wlliaim 发现粗糙链孢霉肌醇缺陷型突变株能产生植酸及其异构物，同时还证明该突变株缺乏植酸酶，是游离肌醇的酶系。微生物发酵法制备植酸的关键问题是通过对土壤微生物作精心的筛选，寻找适当产生菌，也可用诱变剂处理，选出肌醇缺陷型菌株来生产植酸，还可用肌醇产生菌突变定向生物合成植酸。目前基因克隆技术比较成熟，可把生物体中有关植酸生物合成的基因克隆到合适的微生物中制备植酸生产工程菌，从而实现微生物发酵生产。天然产物萃取法（溶剂萃取法）用稀酸溶液浸泡含植酸钙镁盐（菲汀）的原料，使其溶解于酸性溶液中，加入沉淀剂后过滤，取上清液过离子交换树脂、脱色、浓缩制备而得。目前这是一种比较常见的制备植酸的方法。其基本原理为，在酸性溶液中，植酸对金属离子的络合作用降低，使得与之结合的金属离子呈解离状态，从而使菲汀溶解于酸性溶液中。加入碱进行中和，随着 pH 的升高，植酸与金属离子的络合作用逐渐增强。当 pH 达到一定数值时，植酸与金属离子又形成复盐而沉淀下来。

目前，生产植酸的溶剂萃取法一般主要有常规法萃取、超声波或微波辅助萃取、离子吸脱法等几种工艺。

1. 常规法萃取

20 世纪末，对菲汀提取研究较多，形成了一种较成熟的酸碱中和经典工艺方法。其主要工艺流程为：

原料（饼粕、米糠等）→粉碎→酸浸（盐酸）→过滤→中和（氢氧化钙）→过滤→植酸钙→酸化（硫酸）→过滤→中和（氢氧化钠）→离子交换树脂酸化→浓缩、脱色过滤→成品该方法始于 1917 年，早期是将脱脂米糠粉碎后用强酸浸泡，中和得菲汀。用盐酸溶解，依次加入氢氧化钡、过量稀硫酸、硫酸铜、硫化氢后过滤得植酸溶液。经改进后得到上述工艺流程。

将粉碎好的原料按固液比 1：(6～8)（质量比）的比例调制成浆液，在不断搅拌下加盐酸酸化，pH 控制为 2～3，温度 30～35℃，浸泡 2～4 h。为了提高产品质量，可在浸泡时加入中性盐抑制蛋白质和糖类的溶解，或加水杨酸防腐剂。浸泡后过滤，滤饼加水再浸泡过滤，浸泡次数视浸泡效果而定，合并滤液。过滤液在不断搅拌下加入氢氧化钙调节 pH 7.0～7.5，继续搅拌 20 min，静止沉淀 2 h。中和液经静置沉淀后，弃去上层清液，过滤，再用温水洗涤滤饼 8～10 次，滤饼即为粗植酸钙。将粗植酸钙按固液比 1：2 加水，在搅拌下制成悬浮液，用 20%稀硫酸调节 pH 至 4，此时钙离子形成硫酸钙沉淀，酸化后，在慢速搅拌下使硫酸钙的晶体慢慢长大。然后过滤、水洗，合并过滤液。将过滤液在不断搅拌下，加入 20%氢氧化钠溶液进行中和，中和 pH 为 7.0～7.5。植酸钠慢慢沉淀，沉淀完全后过滤。将过滤的植酸钠和树脂按体积 1：1 的比例，在搅拌下混合均匀进行酸化溶解 3～4 h。浓缩应在减压下进行，真空度保持–0.01 MPa 左右，温度应控制在 70℃以下，当浓度达到 70%时，加入活性炭进行脱色，脱色约 1 h，温度在 80℃为宜，趁热过滤。

该传统工艺操作简单，生产稳定性强，不足在于，酸浸时不仅将原料中的菲汀萃取出来，糠粉中的部分糖类、蛋白质等物质也会一同被萃取出来，影响菲汀的质量，所生产的菲汀质量差、得率较低，不利于下一步植酸的纯化；并且其工艺时间长、生产能力小、规模效益差、设备投资高，不利于大规模的工业化生产。

2. 超声波辅助或微波辅助萃取

李健芳等研究了超声波辅助萃取米糠中植酸的工艺，与传统的酸浸法相比，用超声波提取植酸工艺中的酸种类、酸浸 pH、液料比和中和方式等对提取植酸钙的影响与传统酸浸法的情况类似；用超声波酸浸法可将浸提时间从 3 h 左右缩短至 15 min，酸浸所需的酸度也有所降低，所得粗植酸钙产率和其含量均明显提高。刘晓庚等采用微波辅助萃取米糠中的植酸，结果表明，微波辅助浸提离子交换法较传统的浸提法在产品质量和收率上均有明显提高。两种方法都加快了植酸提取的速度，并且提高了得率。其主要的工艺流程为：

脱脂米糠→酸浸（超声波或微波辅助萃取）→过滤→取上清液→加碱中和
　　　　→过滤→取沉淀→加稀酸溶解→离子交换纯化

李爱民等在盐酸浓度为 0.10 mol/L、料液比（g/mL）为 1：8、提取温度为 40℃、超声时间为 8 min 的提取米糠植酸的工艺条件下，获得米糠中植酸提取率为 87.13%。

3. 离子吸脱法

离子吸脱法采用阴离子交换树脂直接吸附萃取液中的植酸，然后用洗脱剂把吸附的植酸洗脱下来得到植酸盐，再过阳离子树脂纯化得到植酸。其主要的工艺流程为：

米糠→酸浸→过滤→滤液→717 型阴离子交换树脂吸附植酸→热水预洗→NaOH溶液洗脱→植酸盐溶液→732 型阳离子交换树脂脱盐→稀植酸液→浓缩→植酸

将脱脂米糠过 20 目筛，以米糠：水为 1：8（质量比）的比例加水，用 10% HCl调 pH 为 3.0，在 28℃下搅拌浸泡 6 h，离心分离（2000 r/min，15 min），抽滤后将残渣用清水洗涤抽滤，滤液并入离心后的上清液，得到米糠植酸粗提液。717 型阴离子交换树脂经预处理及定成 Cl⁻型后，在选定实验条件下可进行静态吸附也可进行动态吸附洗脱。静态吸附用锥形瓶在恒温摇床上进行，使树脂与料液充分接触，达到平衡后测定离子交换吸附后得稀植酸；动态吸附洗脱是在层析柱中进行，将植酸粗提液以每小时 2 倍树脂体积的速度流过 Cl⁻型 717 型阴离子交换树脂，至有植酸流出后停止。用 45℃的水逆流洗柱子，然后用 NaOH 溶液以一定流速洗脱离子交换柱，得到植酸钠洗提液。将植酸钠溶液以每小时 2 倍树脂体积的速度通过 H⁺型 732 型阳离子交换树脂，除去钠离子，获得稀植酸。在 80℃进行真空浓缩，得浓度为 50%以上的淡黄色植酸溶液。

6.2.3　植酸的纯化研究

植酸的纯化一般采用离子交换树脂来处理。离子交换树脂是一类具有离子交换功能的高分子材料，在溶液中它能将本身的离子与溶液中的离子进行交换。按交换基团性质的不同，离子交换树脂可分为阳离子交换树脂和阴离子交换树脂两类。阳离子交换树脂主要含有磺酸基（—SO_3H）、羧基（—COOH）或苯酚基（—C_6H_4OH）等酸性基团，其中的氢离子能与溶液中的金属离子或其他阳离子进行交换。阴离子交换树脂依其交换能力特征不同可分为强碱型阴离子交换树脂、弱碱型阴离子交换树脂，它们在水中能解离出 OH⁻而呈碱性。离子交换作用是可逆的，用一种与交换剂亲和力更强的盐溶液，或者某种浓盐溶液，可使交换反应逆向进行。在离子交换过程中进入交换剂中的离子被置换下来，重新返回到水溶液中。这时，交换剂得到"再生"。在上述交换过程中，进入交换剂中的离子若是有用的组分，这一逆过程便称为"洗脱过程"。阳离子交换树脂可用稀盐酸、稀硫酸等溶液淋洗，阴离子交换树脂可用氢氧化钠等溶液处理，进行再生。

植酸纯化的离子交换树脂法，就是利用离子交换树脂的选择性，首先采用阴离子交换树脂吸附溶液中的植酸根离子，然后采用碱性洗脱剂进行洗脱，以除去氯离子等阴离子杂质，之后采用阳离子树脂吸附溶液中的 Na^+、Ca^{2+} 及 Mg^{2+} 等阳离子杂质，从而达到纯化的目的。

关于离子交换树脂法纯化植酸的研究有很多。张丙华等采用 D318 弱碱性阴离子交换树脂对植酸进行纯化，并获得了最佳的纯化条件，可使植酸的提取率达到 82.40%。郭伟强等采用 D315 大孔阴离子树脂对植酸进行纯化，研究了其吸附和洗脱的效果，获得了最佳的吸附和洗脱条件。戴传波等采用 717 型阴离子交换树脂研究了粒径大小和吸附时间的长短对植酸吸附效果的影响。李鹏采用 330 型阴离子树脂对苏麻饼粕中提取的植酸进行纯化，并进行了纯化条件的研究。张瑞通过静态吸附和洗脱的方法选取适合工艺要求的大孔树脂，探索植酸纯化的动态吸附和洗脱的最佳条件。虽然对离子交换法纯化树脂的研究很多，但对于树脂的选择有很大差别，纯化的条件也不尽相同，所以对树脂的选择和对纯化条件进行优化仍是研究的热点。

6.2.4　植酸的生产工艺

目前工业化制取植酸常用的工艺流程为：

米糠→脱脂→酸浸→中和→植酸盐粗品→酸解→中和→树脂交换→浓缩→成品

选用经提取油脂后的米糠饼(粕)，经粉碎并经过 20 目筛孔，按 2%盐酸(mL)：脱脂米糠(g) 为 4∶1 的比例加料，用夹层加热至 30℃，在反应釜中保温搅拌 2 h 后，离心分离(沉淀为高蛋白米糠，作为提取米糠蛋白的原料)。将上清液转入反应釜中，搅拌下加入 12%氨水调 pH 至 11，继续搅拌 30 min 后，离心分离，收集沉淀，用水洗后将物料和水用水浴加热至 50℃，保温搅拌 30 min 后离心分离，沉淀于 110℃干燥 2 h，得植酸盐粗品，纯度为 60%。按 10%盐酸(mL)：植酸盐粗品(g) 为 10∶1 的比例，将粗品溶解，搅拌下加入 10%碳酸氢钠调节 pH 为 4～5，用水浴加热至 60℃，保温搅拌 1 h，冷却至室温，静置 12 h，抽滤，用去离子水洗涤 2 次，得植酸盐精品，纯度为 80%。按 3%盐酸(mL)：植酸盐精品(g) 为 10∶1 的比例，将 3%盐酸与精品混合，搅拌下，用盐浴加热至 110℃，保温搅拌 3 h，冷却至室温，离心分离后收集清液，高温通过阳离子树脂交换柱(450 mm×50 mm)，使 pH 为 2 左右。将收集液用水浴加热蒸发，浓缩至二分之一体积，加入相当植酸盐量 5%的活性炭，于 70～80℃下搅拌 30 min，趁热过滤，将滤液再浓缩至五分之三体积，加入 5%的活性炭，于 70～80℃下搅拌 30 min，趁热过滤，滤液最后浓缩至浓度达 48%～53%植酸的液态成品。

脱脂米糠经提取植酸后，糟渣可作为饲料或提取蛋白使用，营养价值高。日本称提取植酸钙后的米糠为高蛋白加工米糠，蛋白质含量可高达 25%。

6.2.5　植酸的应用

1. 在食品工业中的应用

在食品工业中，植酸作为食品添加剂在许多国家和地区具有广泛的用途。大量研究表明，植酸使用的安全性较高，可广泛应用于饮料、调味品、食用油、酒类、肉制品等诸多食品行业中。用植酸配制海鲜产品和其他水产品保鲜剂效果非常明显，如鲜虾经植酸处理后，保质期大大延长。植酸对果蔬同样有良好的保鲜效果，植酸可以延缓果实中维生素 C 的降解作用。植酸和植酸钠对苹果汁防止褐变有较好的作用。植酸也可稳定天然或人工合成色素。国外已有利用植酸防止鱼子酱和沙丁鱼干变质的报道。植酸还可用作豆浆、酱油、腌制品的增味剂和变色、褪色防止剂，以及面食和肉类食品的防腐剂和水果、蔬菜的消毒清洗使用。

有研究资料表明，在白兰地、葡萄酒、樱桃酒中加入少量植酸或植酸盐，能除去酒中的 Ca、Fe、Cu 和其他重金属元素，对保护人体健康有良好作用。在鱼虾、乌贼等不少罐头中加入微量植酸，可防止鸟粪石（玻璃状磷酸铵镁结晶）的生成，防止哈仔等贝类在水产加工时产生硫化氢，防止肉中的 Fe、Cu 或罐头盒表面溶出的 Fe、Sn 作用生成硫化物而产生黑变。添加 0.01% 的植酸到植物油中，可使大豆油的抗氧化能力提高 4 倍，棉籽油提高 2 倍，花生油提高 40 倍。植酸还可作蔬菜的保鲜剂、豆腐的风味改良剂等。

2. 在医疗工业中的应用

人类每天从食品中摄取植酸的金属盐，在体内水解成肌醇磷酸酯，在重要器官（如肝、肾）里作为磷脂质的重要构成部分而大量存在，并起着重要的生理作用。植酸水解产物为肌醇和磷脂，前者具有抗衰老作用，后者是人体细胞的重要组成部分。植酸主要存在于植物的种子内，但也存在于人和动物的血红细胞内，可以促进氧合血红蛋白中氧的释放，改善血红细胞功能，延长血红细胞的生存期。植酸可用于治疗糖尿病、肾结石等病症。植酸钠盐能减少胃酸分泌，用于治疗胃炎、胃溃疡、十二指肠溃疡与腹泻等。植酸还可用于降低尿中的钙离子浓度，并可龟裂肾结石。植酸的氨基酸盐具有促进人体内蛋白质合成与代谢作用，可作为发育不良、磷钙缺乏、身体虚弱、早期衰老等症的强化营养剂。用植酸制成的维生素 B 族药物，可防治动脉硬化、脂肪肝、肝硬化等疾病。

在医疗方面，植酸可作为药物生产发酵促进剂，还可用来生产药物牙膏，肌醇可以用来生产治疗肝硬化、脂肪肝、慢性肝炎、肝癌、胆固醇过高、脂肪过多、血管硬化及四氯化碳中毒等病的药物，还可作扫描成像剂、胃炎和肠炎等的治疗剂、清洗剂及龋齿预防剂等。

3. 在日用化学工业中的应用

在化工方面，植酸可作抗氧化剂、水软化的金属防腐蚀剂、涂料添加剂、稀土元素富集剂、高分子化合物的溶剂、燃料油的防爆剂等。植酸对多价阳离子具有高度亲和力，因此植酸可作为锅炉、水塔、蒸发器等的锅垢清洗剂。

植酸可抑制产生皮肤黑斑的酪氨酸酶的活性，具有除黑斑、嫩肤美白的功效。植酸对治疗痤疮、粉刺、改善肤色等都有很好的效果。植酸能加强血液循环，促进毛发与指甲的生长。在洗发液中加入植酸，则能有效防止头屑的生成，并有抗菌止痒作用，使头发柔软并富有光泽。用一定量植酸配制成化妆品，可有效地增加皮肤细胞的活力，长期使用，能改善皮肤色泽，减少面部皱纹，具有使皮肤光洁细腻的功效。陶瓷器皿的彩釉中含有铅，而我国大多使用陶瓷制品作餐具，长期使用易引起铅中毒。若用植酸处理陶瓷釉，就能将其含有的过量铅螯合出来，保护人体健康。

4. 在冶金与金属加工业中的应用

含植酸的电镀液可使金属镀膜具有外观好、附着力强、无毒的优点。植酸由于含有 6 个磷酸基，对金属具有很好的螯合能力。植酸在金属表面同金属络合时，易在金属表面形成一层致密的单分子保护膜，能有效地阻止氧气等进入金属表面，从而抑制了金属的腐蚀。植酸处理后的金属表面，由于形成的单分子有机膜层同有机涂料具有相近的化学性质，同时还由于膜层中含有磷酸基等活性基团，能与有机涂层发生化学作用，因此经植酸处理过的金属表面与有机涂料有更好的黏接能力。植酸用于金属表面处理，不仅可以防锈防蚀，而且可以提高涂料黏着性和涂膜的紧密性。另外，植酸可以代替毒性高、价格昂贵的铬酸作为金属电镀后处理液。20 世纪 80 年代，人们对镀锌层进行无铬钝化研究，采用加入合成的烃基磷酸提高缓蚀作用。通过比较镀锌层的缓蚀性能，发现植酸对钝化膜缓蚀性能优于其他烃基磷酸。

6.3 肌醇的加工

肌醇，学名为环己六醇，是饱和环状多元醇。分子式为 $C_6H_{12}O_6$，分子量为 180.16，就其立体结构而论，肌醇有八种顺式、一种反式的立体异构体。通常所说的肌醇是指内消旋肌醇（myo-inositol），由植酸或植酸盐水解产生的主要是内消旋肌醇，其结构式如图 6.2 所示。

据有关资料介绍，肌醇在国内市场上长期处于畅销，价格飞涨。国际市场价格为 30～45 美元/kg，国内销售价为 180～200 元/kg。1988 年，我国最高产量为

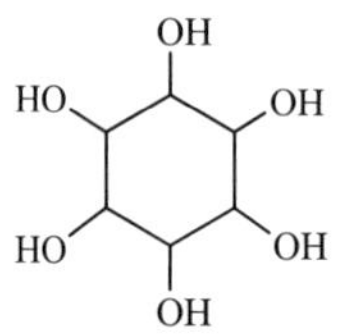

图 6.2　肌醇分子的结构式

500 t，出口达 480 t，出口量占总产量的 95%，余下的远满足不了国内市场的需要。据有关部门报导，目前国内肌醇市场的年需要量为 150～200 t，国外市场年出口需要量为 1000 t 左右。随着人民生活水平的提高，肌醇在食品工业、医药行业、化工行业等领域的广泛应用，国内外市场对肌醇的需求量更加趋紧。

6.3.1　肌醇的性质

肌醇在外观上类似糖类，为白色结晶状粉末，无臭，味微甜，易吸潮，其水溶液对石蕊试纸呈中性，熔程为 224～227℃，相对密度为 1.752。肌醇在空气中稳定，易溶于水，微溶于乙醇、冰醋酸、甘油和乙二醇，不溶于无水丙酮、氯仿、乙醚等有机溶剂。肌醇为白细胞增生药，有复活细胞、刺激代谢的作用，用于各种急慢性肝脏疾患、肝硬化、肝炎、肝肿大、血吸虫性肝改变、脂肪肝、心脏疾患、高血脂、白细胞或血小板减少症、中心性视网膜炎等，还可用于开发高级化妆品、食品添加剂、缩合维生素类等，其他工业领域肌醇也有广泛的用途。磷酸肌醇种类很多，而且生理功能各不相同，由植酸制备肌醇的研究具有很大的现实意义。

肌醇在医药方面有着重要的用途。内消旋肌醇具有与生物素、维生素 B_1 等相似的作用，对动物及微生物生长有促进作用。肌醇还具有增强肺脏、降低血液中胆固醇含量的能力，可处理脂肪与胆固醇分解代谢失调，并能防止脱发。在应用时肌醇可以单独使用，也可以掺入各种维生素制剂，用于治疗肝硬化、脂肪肝、高血脂等常见多发病。肌醇在发酵与食品工业中能促进酵母等微生物生长，在保健食品中肌醇也有很大的发展前景。

6.3.2　肌醇的生产

国内生产环己六醇多以米糠为原料，米糠经脱脂、酸浸、过滤、中和、精制获得植酸（植酸钙镁），再在酸性溶液中加压水解而制得环己六醇。生产肌醇传统方法是水解法。水解法生产肌醇有加压水解法和常压水解法两种方法，加压水解法是目前国内外生产肌醇的常用方法。从植酸钙水解肌醇的原理为

$$2Mg_4Ca_2C_6H_6O_{24}P_6 + 12H_2O \longrightarrow 2C_6H_{12}O_6 + 3Ca(H_2PO_4)_2 + 2Mg_3(PO_4)_2 \downarrow$$

$$+ Mg_2Ca(PO_4)_2 \downarrow$$

加压水解法制备肌醇，其工艺流程为：脱脂米糠原料酸浸加碱中和、过滤、洗涤得菲汀粗品，然后脱色、过滤得精制植酸盐。将植酸盐加压水解、中和水解液、过滤、脱色、过滤、浓缩、结晶、溶解除杂、结晶离心制取肌醇精品。加压水解法存在很多缺点，如对设备要求严格、一次性设备投资高、收率较低、后续精制工艺复杂、对水源污染严重等。常压水解法是在常压下水解肌醇，加入催化剂催化水解反应，其工艺流程与加压法相似。常压催化法水解的催化剂由甘油、尿素及碳酸钙等复合配制而成，此法优点是在常压下进行，避免了加压操作对设备的严格要求，但它的得率较加压水解低，且其温度一般在 150℃左右，对设备要求较高。

生产 1 t 肌醇需 2000 kg 植酸钙，其工艺技术在国内是成熟的。肌醇生产工艺流程如图 6.3 所示。粗品精制的工艺可分老工艺和新工艺，老工艺是通过多次重结晶进行产品的提纯，产品损失较大；新工艺是通过离子交换柱除去杂质，操作中不会带入杂质离子，能降低生产成本，提高产率。

膏状植酸钙 ⟶ 加压水解 ⟶ 中和 ⟶ 过滤 ⟶ 脱色 ⟶ 浓缩

精品 ⟵ 浓缩 ⟵ 用离子交换柱精制 ⟵ 溶解 ⟵ 分离 ⟵ 粗结晶

图 6.3　肌醇生产工艺流程

经水解植酸钙制备的肌醇产品，其质量应达到如表 6.1 所示的质量标准。

表 6.1　肌醇的质量标准

含量/%	熔点/℃	氯 (Cl)/%	硫酸盐 (SO_4^{2-})/%	重金属/%	干燥失重/%	灼烧残渣/%	钙（Ca）
≥98	224~227	≤0.005	≤0.006	≤0.001	≤0.1	≤0.1	合格

近年来，有关微生物法生产肌醇的研究被广泛开展，此法是利用微生物产生的植酸酶和磷酸酯酶来生产肌醇。这是在一系列复杂的调控中非常精巧地将植酸或菲汀在酶的作用下转化为肌醇。由于酶的反应条件比较温和，此法制取肌醇可在常温常压下进行，且不会造成污染。通过控制酶解条件，酶解植酸制备肌醇的终产物不同。

6.4　谷维素的加工

谷维素是环木菠萝醇类阿魏酸酯和甾醇类阿魏酸酯的混合物，它广泛存在于各类谷类植物种子中，为脂质的伴随物。谷维素在米糠层中的含量一般为 0.3%～0.5%。谷维素是一种药物，用于治疗脑震荡后遗症、周期性精神病、植物神经功能失调及各种神经官能症等，也可用作食品添加剂，在化妆品、抗菌剂和饲料等方面也有着广泛的应用。

日本将谷维素应用于食品已有 20 多年历史。1987 年 7 月，日本 33 家食品企业聚会研讨健康食品的发展，并于 1988 年 2 月再次开会，会后达成共识的功能食品原料有 35 种，谷维素列为第 15 种，其主要功能为抗氧化、抗衰老。1991 年，日本功能性食品联络会公布的关于功能性素材开发现状的报告，谷维素列入第七类。1994 年，日本卫生学会发布《食品添加剂基准规格》，将谷维素列入抗氧化剂。我国是在 1970 年开始生产谷维素的，但目前仅局限于医药工业领域，在食品行业特别是功能性食品方面还没有充分开发应用。

未精炼的毛糠油含有 3.0%～5.5%不皂化物，含有大约 15 g/kg 的 γ-谷维素，米糠油碱炼时大部分谷维素转移到皂脚中，残留在成品油中的谷维素很少，精炼降低了米糠油的营养价值。目前，谷维素提取的方法主要有吸附法和萃取法两种。

吸附法是将毛糠油在 0.2 mmHg 压力和 200℃温度下减压蒸馏除去脂肪酸，此时谷维素浓度被浓缩至 3%～5%，加入活性氧化铝进行吸附，附着在氧化铝上的油脂用己烷洗涤后，再用 10%乙酸的乙醇溶液溶出，用水蒸馏回收乙醇，浓缩至干，得纯度为 70%的谷维素粗品，再用己烷重结晶，获得谷维素精品。

萃取法是将毛糠油投入锅内，加入 10 倍量的甲醇，用 30%氢氧化钠调节 pH至 10，用水浴加热至 39～41℃，保温搅拌萃取半小时，冷却，静置分层 1 h，放出下层油相，向上层甲醇溶液中加入 20%柠檬酸（也可加入少量盐酸，以节约柠檬酸用量），调节 pH 至 7，静置 12 h，滤取沉淀，得谷维素粗品，再用己烷重结晶，经洗涤、干燥得谷维素精品。母液中的甲醇可用蒸馏法回收。

6.5　脂肪酸的加工

脂肪酸是由碳、氢、氧三种元素组成的一类链状化合物，是组成中性脂肪、磷脂、糖脂的主要成分。脂肪酸根据碳链中所含双键的数目分为饱和脂肪酸、单不饱和脂肪酸和多不饱和脂肪酸。米糠油中甘油酯的脂肪酸组成主要是棕榈酸、硬脂酸、油酸和亚油酸，还含有少量的亚麻酸，其中棕榈酸和硬脂酸是饱和脂肪酸，油酸和亚油酸是不饱和脂肪酸。米糠油中不饱和脂肪酸含量达 80%，其中油酸 42%左右，亚油酸 38%左右，比例接近于 1∶1，是典型的油酸-亚油酸型油脂，具有很高的营养价值。

米糠油脱酸得到的混合游离脂肪酸中，油酸和亚油酸含量也在 80%左右。油酸和亚油酸具有很高的营养价值，尤其是亚油酸，它是人体不能合成的必需脂肪酸之一，因此如果能够分离富集这两种不饱和脂肪酸，将会有很高的应用价值。亚油酸能够降血脂、软化血管、降血压、改善微循环，防止或减少心血管疾病的发生，对高血压、高血脂、心绞痛、冠心病、动脉粥样硬化等特别有效，还有利于预防和治疗老年肥胖，对预防和治疗动脉粥样硬化和心血管疾病也很有益处。
亚油酸的以上功效主要是因为它能阻止胆固醇在血管壁上的过量沉积。胆固醇在
体内必须与亚油酸结合后，才能进行正常的代谢，当人体缺乏亚油酸时，胆固醇
就会选择和一些饱和脂肪酸结合，从而不能正常代谢，就会在血管壁上沉积下来，
引发以上疾病。

目前，国内外不饱和脂肪酸的分离技术主要包括精馏分离法、分子蒸馏技术、
超临界萃取法、尿素包合法、色谱分离技术等。

精馏分离法是目前在工业上使用较多的一种不饱和脂肪酸分离技术。该法主
要是利用混合脂肪酸中不同脂肪酸的挥发性不同，在同一温度、不同的蒸气压下，
各组分挥发不同，从而达到分离的目的。此法的缺点主要是温度高，时间长，对
不饱和脂肪酸的破坏比较大，使得收率比较低。

分子蒸馏技术是近些年来一种比较新的不饱和脂肪酸分离技术。该法是在高
真空条件下，使混合脂肪酸挥发，根据不同脂肪酸分子的平均运动自由程不同，
轻分子的平均运动自由程大，能够达到冷凝板发生冷凝，从而持续挥发，而重分
子平均运动自由程小，不能到达冷凝板进行冷凝，进而不会再挥发，这样轻组分
就不断挥发从而得到了分离。此法的主要缺点是设备一次性投入大，生产成本高，
目前只有少数高附加值的产品实现了工业化生产。

超临界萃取法也是近四十年来兴起的一种新型脂肪酸分离技术。该法使用最
多的是 CO_2 流体，在临界点条件下，利用超临界流体对不同脂肪酸的溶解能力不
同而达到脂肪酸的分离效果。此法主要缺点是设备投入高，对抽真空设备要求高。

尿素包合法是最常用的一种脂肪酸分离技术，该法是根据尿素分子在一定温
度下结晶时能够与饱和脂肪酸发生包合作用，形成较稳定的包合物而沉降下来；
不饱和脂肪酸由于含有双键，碳链弯曲，不易与尿素分子形成包合物。结晶一定
时间后采取抽滤的方法即可达到分离的目的。此法优点是步骤简单、费用低；缺
点主要是分离效果不是很好，得到的不饱和脂肪酸收率偏低，纯度也不是很高。

色谱分离技术是一种现代的分离检测手段。常用的色谱技术有气相色谱法、
高效液相色谱法、薄层色谱层析法等。但脂肪酸的分离一般还是采用简单的层析
法进行，脂肪酸分离效果的检测采用气相色谱法进行。最常用的层析法是硝酸银
化硅胶层析，此法优点是可以把单不饱和脂肪酸从饱和脂肪酸和多不饱和脂肪酸
中分离出来，缺点主要是步骤比较复杂。

6.6　米糠蜡的加工

米糠蜡主要是高级脂肪醇和高级脂肪酸组成的酯，熔点较高，常温下以沉淀析
出。从米糠油精炼的副产品蜡糊中提取米糠蜡，不仅显著改善米糠油品质，而且提

取的米糠蜡在很多方面具有应有的价值，它在食品、日化、化工等方面的应用极为广泛。蜡质的存在不仅影响油脂的外观，且不为人体消化吸收。米糠毛油含 2.5%～5.0%的蜡质，米糠油精炼时通过低温过滤分离蜡质（脱蜡），可得到蜡糊。由蜡糊通过压榨皂化法或溶剂萃取法可得到糠蜡。糠蜡可用来制作食品保鲜的包覆剂、酵母糖、纤维乳剂、脱模剂、复写纸、车用上光蜡、地板蜡、鞋油和绝缘材料等。糠蜡水解后可得到三十烷醇，三十烷醇是一种在农业上应用广泛的植物生长刺激素。

糠蜡是一种混合物，属天然蜡，是由高级脂肪酸与高级一元醇组成的酯类化合物，是精炼食用米糠油时所得的蜡糊再经提制而得的副产品。糠蜡的组成单纯而稳定，品质接近被誉为"蜡中之王"的巴西棕榈蜡。一般国产糠蜡的熔点为 78～80℃，其精制程度越高，熔点越高，在常温下相对密度为 0.97。目前国内制蜡一般以蜡糊或毛蜡为原料，制蜡方法大致分为两种，一种以蜡糊为原料，采用压榨皂化法；另一种是以蜡糊或毛蜡为原料，采用溶剂萃取法。

压榨皂化法是根据糠蜡属于不皂化物，利用碱液将蜡中的油皂化成皂液而与蜡分离的工艺过程。该法的优点是生产设备简单投资低，缺点是劳动强度大、蜡收率低，同时因蜡中夹带中性油被皂化，产生较多皂与洗液，易造成环境污染。其工艺过程为：

$$
\begin{array}{ccccccc}
& 米糠油 & & 碱液 & 废水 & 次氯酸钠溶液 \\
& \uparrow & & \downarrow & \uparrow & \downarrow \\
蜡糊 \to & 压榨 \to & 熔化 \to & 皂化 \to & 水洗 \to & 漂白脱色 \to & 脱水
\end{array}
$$

$$\to 成型 \to 精制糠蜡$$

溶剂萃取法是利用糠蜡与油在有机溶剂中的溶解度差异而进行的工艺过程。一般毛糠蜡经溶剂法分离除去中性油及杂质后称为精糠蜡，精糠蜡含油量一般在10%以下。溶剂法使用的溶剂主要有乙酸乙酯、异丙醇、三氯乙烯、丁酮等，利用精炼米糠油得到的蜡糊为原料时，主要采用溶剂萃取法制取糠蜡。该法的优点是可提高米糠蜡得率及其油脂使用价值，改善劳动条件，防止和减轻环境污染；缺点是设备投资大，因使用溶剂作业对企业劳动管理要求严格。其工艺流程为：

$$
\begin{array}{c}
溶剂 \\
\downarrow \\
蜡糊 \to 预处理 \to 溶剂萃取 \\
\downarrow \\
杂质 \qquad\qquad 溶剂回收 \\
\downarrow \\
\to 分离 \to 含蜡溶剂 \to 脱溶 \to 成型 \to 精制米糠蜡 \\
\downarrow \\
含油溶剂 \to 蒸发 \to 汽提 \to 米糠油 \\
\downarrow \\
溶剂回收
\end{array}
$$

据资料介绍，2002 年浙江粮食科学研究所采用短链醇对毛糠蜡或蜡糊进行脱油析蜡实验，取得了良好效果。其工艺流程为：

毛糠蜡→酸化脱胶→加入短链醇、除去湿热不溶物
→保温过滤→回收溶剂→成品蜡

其实验过程为：毛糠蜡（含丙酮可溶物 42%）100 g，加入 20%磷脂 10 mL，搅拌 30 min，静置 2 h，除去沉淀胶质 5.3 g，加入异丙醇 6 倍量，除去热时不溶物 11 g，50℃过滤，回收溶剂，得净蜡 53 g，蜡中丙酮可溶物 6.2%，蜡得率为 96%，酸价为 2.1 mg/g，熔点为 79.2℃。其后，在此基础上又对制蜡工艺加以改进，采用碱式脱油、乙醇精制、强化脱色，制得的糠蜡色泽呈微黄。改进的方法工艺便捷，且符合食品生产卫生要求。

米糠蜡的用途十分广泛，在食品工业中是石蜡和巴西棕榈蜡的良好代用品，可用作糕点分离剂，冷冻食品赋型剂，口香糖可塑剂，巧克力糖果抛光剂，水果、蔬菜、鱼肉制品保鲜被膜剂，以及油脂行业煎炸油、铁板油添加剂，饲料行业颗粒黏结剂等。糠蜡还可作为开发高附加值功能性产品二十八烷醇和三十烷醇的原料。近年来，米糠蜡的制取、开发利用日益受到密切关注。

参 考 文 献

曹蕊, 曹玉华. 2008. 米糠多糖的提取及其抗 UVB 辐射研究[J]. 天然产物研究与开发, (20): 518-521

曹晓虹, 温焕斌, 李翠娟, 等.2009. 稻米蛋白提取工艺及其特性研究[J]. 食品科学, 30 (14): 62-66

柴本旺. 1998. 30t/d 米糠膨化浸出制油工艺中间实验[J]. 郑州粮食学院学报, 19 (4): 10-14, 53

柴本旺. 1999. 米糠膨化[J]. 中国粮油学报, 14 (5): 59-62

陈焕之. 1988. 植酸的用途及其生产[J]. 湖南化工, (2): 47-51

陈季旺, 姚惠源, 陈尚卫. 2004. 米糠可溶性蛋白酶解物的分子量分布的研究[J]. 中国油脂, 29 (1): 36-39

陈星, 李义, 陈文典, 等.2007. 米糠水溶性多糖提取工艺的研究[J]. 中国饲料, (3): 39-42

陈义勇, 王伟, 沈宗根, 等.2006. 米糠与米糠蛋白深度开发现状[J]. 粮食加工, 31 (5): 24-28

程皓, 于长青, 王长远. 2014. 酶解米糠清蛋白功能性质的研究[J]. 黑龙江八一农垦大学学报, 5: 53-58, 62

迟海霞, 涂宗财, 陈钢, 等. 2010. 米糠多糖的超声波辅助纤维素酶-柠檬酸联合提取及结构分析[J]. 食品科学, 31 (4): 168-171

戴传波, 李建桥, 李健秀. 2007. 植酸制取的研究进展[J]. 食品工业科技, 2 (28): 239-241

丁宏伟. 2013. 超声波结合微波辅助提取米糠多糖的研究[J]. 核农学报, 27 (3): 329-333

杜红芳, 窦爱丽, 刁其玉. 2007. 米糠的营养及在畜禽饲料中的应用[J]. 饲料广角, (6): 38-40

冯成. 2010. 米糠植酸的制备及其酶解研究[D]. 武汉: 武汉工业学院硕士学位论文

耿然, 孙建平, 侯彩云, 等.2008. 稳定化处理对米糠蛋白提取效果的影响[J]. 粮油食品科技, 16 (5): 8-10

郭伟英, 乔传镇, 周万彬. 1993. 复合酶法制备菲汀[J]. 中国医药工业杂志, 24 (10): 435-436

郝红英. 2006. 从米糠中微波辅助提取植酸的研究[D]. 郑州: 郑州大学硕士学位论文

何欢, 黄莉萍, 贾磊, 等.2008. 米糠生物活性肽生产工艺的研究[J]. 粮食加工, 33 (1): 38-41

胡爱军, 田玲玲, 郑捷, 等. 2012. 超声波强化提取米糠中植酸研究[J]. 粮食与油脂, 11: 28-30

胡国华. 1998. 脱脂米糠半纤维素 B 分离鉴定及其特性与功能活性研究[D]. 南昌: 南昌大学硕士学位论文

胡国华, 翟瑞文. 2002. 脱脂米糠半纤维素 A 的分离与鉴定[J]. 粮食与油脂, 8: 1-3

胡忠泽, 金光明, 王立克, 等.2006. 米糠多糖对糖尿病小鼠的降血糖作用研究[J]. 中国粮油学报, 21 (4): 21-24

黄剑明, 方岩雄, 郑穗华, 等. 2000. 植酸的制备工艺及其应用[J]. 广东化工, 28 (4): 41

姜元荣, 姚惠源, 陈正行, 等. 2004. 米糠粗多糖对小鼠免疫调节功能影响研究[J]. 粮食与油脂, (5): 20-23

雷得漾, 伍先云. 1991. 化工小商品生产法 (十一集) [M]. 长沙: 湖南科技出版社

李东锐, 苏明华, 汪海波, 等. 2007. 超声波及匀浆技术在米糠多糖和米糠蛋白提取中的应用研究[J]. 粮油加工, (11): 92-95

李慧. 1994. 米糠生产环己六醇[J]. 云南化工，1：55-57

李健芳，汪童，王金玲. 2006. 超声波酸浸法提取米糠中植酸钙的研究[J]. 中国粮油学报，21（5）：17-27

李杰，罗志刚，肖志刚，等. 2013. 挤压超声联用提取米糠多糖工艺优化[J]. 农业机械学报，44（3）：174-180

李晶，周勤飞，童晓莉，等. 2010. 饲粮中添加米糠和抗氧化剂对肥育猪生产性能和肉品质的影响[J]. 粮食与饲料工业，（1）：42-45

李淑芳，李英，张继东，等. 2008. 米糠多糖对人工感染传染性法氏囊病毒雏鸡体液免疫状态的影响[J]. 中兽医医药杂志，（3）：50-52

李淑芳，李英，张继东，等. 2009. 米糠多糖对雏鸡 T 细胞免疫功能的影响[J]. 养禽与禽病防治，（3）：14-16

李云明，梁少华，吴忠英，等. 2006. 米糠油精炼及糠蜡的制取技术[J]. 中国油脂，31（7）：33-35

凌关庭. 2002. 保健食品原料手册[M]. 北京：化学工业出版社

刘佳杰，徐明亮. 2012. 冻融辅助法提取米糠多糖工艺的研究[J]. 科技传播，（5）：136-137

刘靖，张石蕊. 2010. 米糠的营养价值及其开发利用[J]. 湖南饲料，（3）：12-15

刘晓庚，陈梅梅，李小康. 2003. 用微波辅助浸提离子交换法从米糠中提取植酸的研究[J]. 粮食与食品工业，1：32-35

刘雄，阚建全，陈宗道. 2001. 米糠蛋白的功能特性和应用[J]. 粮食与饲料工业，12：35-37

吕银德，牛磊，朱永义，等. 2007. 蒸谷米糠和普通米糠的理化特性分析[J]. 粮食与饲料工业，1：6-7

孟凡友，李承刚，王立等. 2006. 挤压对米糠蛋白功能特性的影响[J]. 粮油加工，11：68-71

牛春祥. 2012. 米糠油分子蒸馏脱酸精炼及脂肪酸分离研究[D]. 合肥：合肥工业大学硕士学位论文

钱丽丽，左锋，李萍，等. 2008. 微波辅助提取米糠多糖及多糖对韭菜保鲜作用的研究[J]. 食品科学，29（6）：444-447

秦微微，金婷，宋学东，等. 2014. 双水相萃取米糠多糖工艺条件的探究[J]. 中国调味品，39（3）：54-58

邵小龙. 2006. 米糠多糖的提取、性质和抗肿瘤活性研究[D]. 武汉：华中农业大学硕士学位论文

宋友礼，颜亨宸. 2002. 植酸与植酸酶[J]. 中国医药工业杂志，33（3）：151-154

孙淑斌. 2001. 从米糠中提取植酸[J]. 曲阜师范大学学报，27（1）：71-72

唐瑶，陈洋，李普庆. 2015. 米糠多糖的提取及生理作用研究进展[J]. 饲料与畜牧，04：32-34

滕业方，张金兴. 2005. 从米糠中制取植酸的工艺研究现状及其进展[J]. 广州化学，30（3）：52-54

汪艳，吴曙光，徐伟，等. 1991. 米糠多糖抗肿瘤作用及其作用的部分机理[J]. 中国药理学通报，15（1）：70-72

王长远. 2015. 米糠分级蛋白的结构与表面疏水性关系的研究[D]. 哈尔滨：东北农业大学硕士学位论文

王长远，许凤，张敏. 2014. 超声时间对米糠蛋白理化和功能特性的影响[J]. 中国粮油学报，29（12）：43-47

王莉. 2009. 米糠多糖及其硫酸酯的结构、抗肿瘤活性研究[D]. 无锡：江南大学硕士学位论文

王丽娟. 2013. 米糠蛋白和菲汀的提取研究[D]. 长春：吉林大学硕士学位论文

王梅，赵凤敏，苏丹，等. 2012. 超声波辅助法提取米糠多糖的工艺研究[J]. 食品科技，37（1）：174-177

王文侠，蒋继丰，张慧君. 2015. 离子吸脱法从脱脂米糠中提取植酸的研究[J]. 齐齐哈尔大学学

报，21（1）：19-22

王学辉. 2005. 米糠营养纤维的应用研究进展[J]. 海军医学杂志，26（4）：373-375

王亚林，刘志国. 2003. 米糠蛋白活性肽的制备工艺研究[J]. 粮食与饲料工业，6：46-47

王艳玲. 2013. 米糠中四种蛋白的提取工艺及特性研究 [D]. 哈尔滨：东北农业大学硕士学位论文

王艳玲，张敏. 2013. 脱脂米糠中清蛋白和球蛋白的提取工艺及氨基酸组成分析[J]. 食品工业科技，34（2）：226-230

谢永荣. 1994. 米糠的综合利用研究[J]. 赣南师范学院学报，1：82-87，91

徐竞. 2008. 膨化米糠中多糖的酶法提取研究[J]. 粮食加工，33（1）：35-37

徐驱雾. 2011. 米糠膳食纤维性质的测定[J]. 广东科技，18（9）：87-88

徐树来. 2007. 挤压加工对米糠主要营养成分影响的研究[J]. 中国粮油学报，22（3）：12-16

许凤，王长远. 2014. 响应面法优化物理辅助碱法提取米糠蛋白工艺[J]. 食品科学，35（20）：11-16

姚慧源. 2002. 世界稻米深加工的发展趋势和中国的潜在优势[C]. 中国粮油学会第二届学术年会论文选集

易阳，张名位，魏振承，等. 2013. 米糠多糖和大豆多糖的结构特征及免疫调节活性比较[J]. 中国粮油学报，28（6）：50-55

殷东. 2014. 米糠蛋白和大米蛋白功能特性的对比研究[D]. 哈尔滨：东北农业大学硕士学位论文

殷隼. 2002. 米糠油的营养保健功能及其生产工艺探讨[J]. 江西食品工业，3：17-20

殷涌光，卢敏，丁宏伟. 2004. 高压电脉冲提取米糠多糖的影响因素研究[J]. 中国粮油学报，21（5）：20-23

俞兰苓，刘友明，全文琴，等. 2006. 几种米糠多糖提取工艺的比较[J]. 粮油食品科技，14（6）：18-20，23

张晶晶. 2007. 米糠多糖的分离提取及对人工感染 IBDV 雏鸡免疫功能的调节作用[D]. 保定：河北农业大学硕士学位论文

张立，王红利，刘军海. 2014. 响应面优化米糠多糖的超声波辅助提取工艺研究[J]. 中国饲料，（14）：16-19

张敏，刘明，谭斌，等. 2012. 糙米提取物的制备工艺及其特性研究[J]. 食品工业科技，1：302-304，347

张敏，周梅. 2013. 不同分子质量米糠多肽的抗氧化活性[J]. 食品科学，34（3）：1-6

张敏，周梅，王长远. 2013. 米糠 4 种蛋白质的提取与功能性质[J]. 食品科学，34（1）：18-21

张瑞. 2013. 植酸的提取、分离与纯化工艺研究[D]. 合肥：合肥工业大学硕士学位论文

张森旺，顾震，徐刚. 2007. 米糠的稳定化处理及其在化妆品中的应用[J]. 江西科学，25（1）：103-107

张潇艳. 2008. 米糠多糖的提取、纯化及结构研究[D]. 无锡：江南大学硕士学位论文

张焱，翟爱华. 2013. 大孔树脂吸附分离米糠中 ACE 抑制肽工艺[J]. 黑龙江八一农垦大学学报，25（5）：41-47

张泽生，于卫涛. 2007. 超声波法提取米糠中植物甾醇的工艺研究[J]. 食品研究与开发，28（1）：43-46

章炳谊. 2007. 菜籽饼粕中植酸的提取及其抗氧化活性的研究[D]. 合肥：合肥工业大学硕士学位论文

赵倩，熊善柏，邵小龙，等. 2008. 米糠多糖的提取及其性质和结构[J]. 中国粮油学报，23（3）：4-7

赵鑫，张子腾，朱丽丹，等. 2012. 不同品种米糠营养成分含量的相关性分析及米糠与稻米成分的聚类分析[J]. 食品工业科技，33（1）：52-55

钟洁明，姜延程. 1990. 从脱脂米糠中同时制取植酸钙和米糠蛋白[J]. 郑州粮食学院学报，2：41-47

周梅. 2012. 米糠蛋白肽的制备及其抗氧化活性的研究[D]. 哈尔滨：东北农业大学硕士学位论文

周梅，张敏. 2012. 米糠蛋白抗氧化活性肽的制备[J]. 天然产物研究与开发，24（06）：793-799

周素梅，金世合，姚惠源. 2003. 挤压稳定化处理对米糠蛋白性质影响的研究[J]. 食品科学，24（5）：49-53

周裔彬，张强，李天明. 2006. 米糠成分与大米加工精度的关系[J]. 粮食与饲料工业，1：10-12

宗金泉. 1996. 米糠提取菲汀新工艺[J]. 化工之友，（4）：43

小川洋，管野智荣. 1986. 菲丁、植酸和肌醇的制造法[S]：日本，昭 61-56142

小川洋，管野智荣. 1987. 肌醇的制造法[S]：日本，昭 62-98439

Amorim J A. 2004. Thermal analysis of the rice and by-products [J]. J Therm Anal Calorim，75（2）：393-399

Aoe S. 1993. Characterization of defatted rice bran hemicelluloses [J]. Cereal Chemistry，70：423-426

Connor M A，Saunders R M. 1976. Rice bran protein concentrates obtained by wet alkaline extraction[J]. Cereal Chem，53：488

E J-L LEW，Houston D F. 1975. A Note on protein concentrate from full-fat rice bran [J]. Cereal Chem，52

Fresco L O. 2003. 国际稻米年概念报告[M]. 国际稻米年秘书处（联合国粮食及农业组织）：10

Gloria B，Cagampang，Lourders J，et al. 1966. Studies on the extraction and composition of rice proteins[J]. Cereal Chem，43：145

Gualberto D G，Bergman C J，Weber C W. 1997. Mineral binding capacity of dephytinized insoluble fiber from extruded wheat，oat and rice brans[J]. Plant Food Hum Nutr，51（4）：295-310

Hamada J S. 1997. Characterization of protein fractions of rice bran to devise effective methods of protein solubilization[J]. Cercal Chem，74（5）：662

Hamada J S. 1998. Preparative separation of value-added peptides from rice bran by high-performance liquid chromatography [J]. J Chromatogr A，827：319-327

Hammond N. 1994. Functional and nutritional characteristics of rice bran extracts[J]. Cereal Food World，39（10）：752

Jawahar A A，Henri J. 2002. Rice bran as a diet for culturing Streptocephalus proboscideus（Crustacea：Anostraca）[J]. Hydrobiologia，486（1）：249-254

McIntyre R T，Kymal K. 1956. Extraction of rice proteins[J]. Cereal Chem，33：38

Parrado J，Miramontes E，Jover M，et al. 2003. Prevention of brain protein and lipid oxidation elicited by a water-soluble oryzanol enzymatic extract derived from rice bran[J]. Eur J Nutr，42（6）：307-314

Saoto Y，Wanezaki K，Kawato A，et al. 1994. Antihypertensive effects of peptide in sake and its by-products on spontaneously hypertensive rats[J]. Biosic Biotech Biochem，58（5）：812-816

Slauders R M. 1990. The properties of rice bran as a food stuff[J]. Cereal Food World，35（7）：632-636

Slavin J S. 2000. Mechanisms for the impact of whole grain foods on cancer Risk [J]. J Am Coll Nutr June，19（90003）：300-307

Takeo S. 1988. Studies on an antitumor polysaccharide RBS derived from rice bran. Preparation and general properties of RON an active fraction of RBS[J]. Chem Pharm Bull，36（9）：3609-3613

Wang M，Hetliarachchy N S. 1999. Preparation and functional properties of rice bran protein isolate[J]. J Agric Food Chem，47：411

Yoshiyuki S，Keiko W. 1994. Structure and activity of angiotensin I-converting enzyme inhibitory peptides from sake and sake lees[J]. Biosic Biotech Biochem，58（10）：1761-1767